JN205292

犬の愛と人の愛

涙があふれる25の物語

石川利昭

はじめに

私は、自身にとって2回目となる東京オリンピックが開催される2020年に古稀を迎える。1回目の1964年当時は中学生で、全国大会参加が決まっていた吹奏楽部の練習のため、毎日遅くまで学校にいたので、テレビでの実況放送は見られなかった。スポーツは大好きだったが、競技観戦に熱くなった記憶はほとんどない。

故郷の実家は丘の中腹にあり、今なら〝ポツンと一軒家〟と呼ばれそうな農家だった。厳しい練習の後、真っ暗な道を空腹で力の出ない体を自転車に預けるようにして、押しながら坂道を上る毎日だった。家まで200mのところまで来ると、必ず「がんばれー」と励ますような犬の吠え声が聞こえた。声の主は、牛舎と母屋の境につながれていた北海道犬のマルだった。私が小学生のころにランドセルに入れてもらって来たメス犬で、代わりに取り出した教科書やノートをマルが生まれた父の友人宅に忘れてきて笑われた記憶がある。

当時、私は小学4年生。マルは初めての〝私の犬〟になった。迎えたときからよく一緒に遊び、近くの山林を巡って冒険をした。マルが来る前はジャーマン・シェパード・ドッグのマリという犬がいた。マリは私の記憶に残る初めての犬であり、番犬として家を守り、畑では魚かすなどの肥料をカラスから守る利発な犬だった。マリはその凛々しさから、幼い私が飛び付いて遊ぶような相手ではなく、子ども心に何となく敬意を抱いていたものだ。

マリとマル、この2頭から始まった私の犬とのドラマは、大人になってから参加したムツゴロウ動物王国、そして石川百友坊へと活動母体は変われども、50年にわたって途切れることなく繰り広げられてきた。

いつの間にか、犬たちとのドラマは私と家族だけのものにとどまらず、わが家で産声を上げて全国に旅立って行った犬たちが、それぞれの地で新しいドラマを紡ぎ、さらにその輪は大勢の飼い主さんと犬に広がった。それは故郷であるわが家に、途切れることなく楽しいレポートとなって運ばれてきている。

長年にわたって雑誌『Ｗａｎ』に連載してきた犬のドラマを、このように一冊にまとめられる機会をいただけたことに感謝しつつ、私の心に、そして手に残るたくさんの犬たちのぬくもりをこの本によって感じていただけたなら、これほどうれしいことはない。

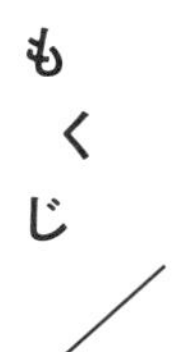

もくじ

Chapter 3
保育士犬とふるさとの香り

159

Chapter 4

コボとタッチは天からの使者

石川家・犬たちの系図

この本に登場する犬たちのなかから、石川家で暮らす主要4犬種の血縁関係をご紹介します。
※巣立った犬はのぞく

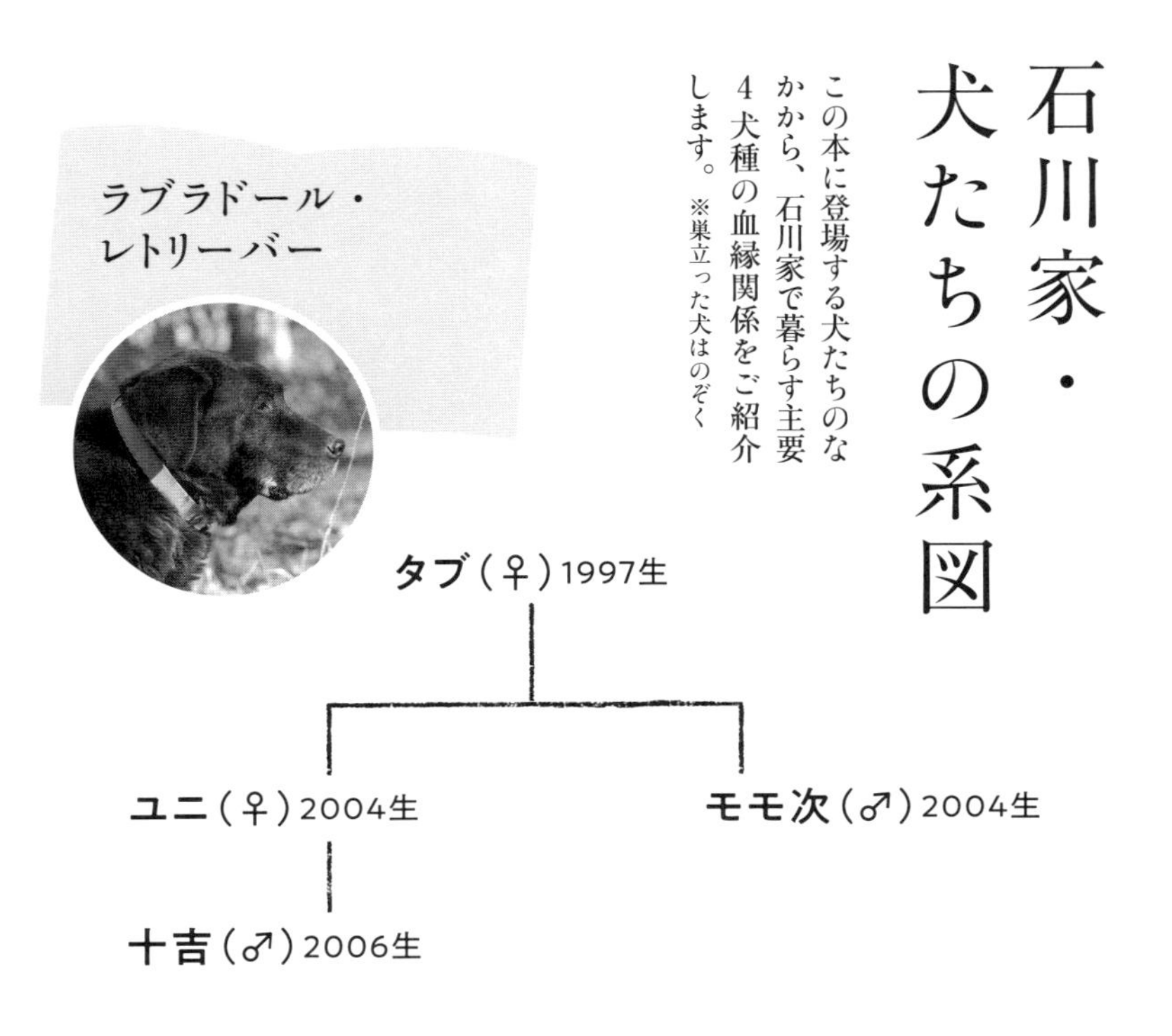

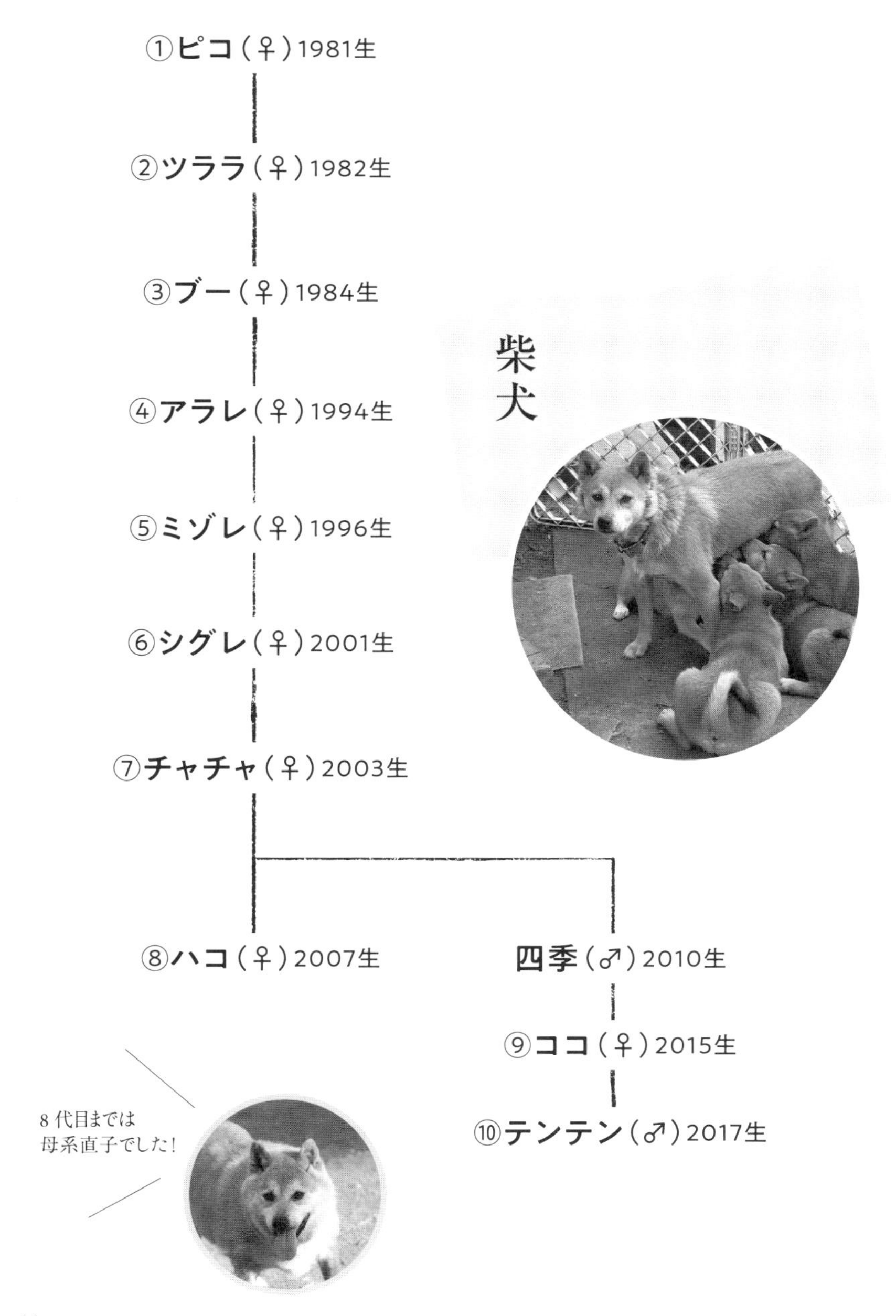
①ピコ（♀）1981生
②ツララ（♀）1982生
③ブー（♀）1984生
④アラレ（♀）1994生
⑤ミゾレ（♀）1996生
⑥シグレ（♀）2001生
⑦チャチャ（♀）2003生
⑧ハコ（♀）2007生
四季（♂）2010生
⑨ココ（♀）2015生
⑩テンテン（♂）2017生
柴犬
8代目までは
母系直子でした！

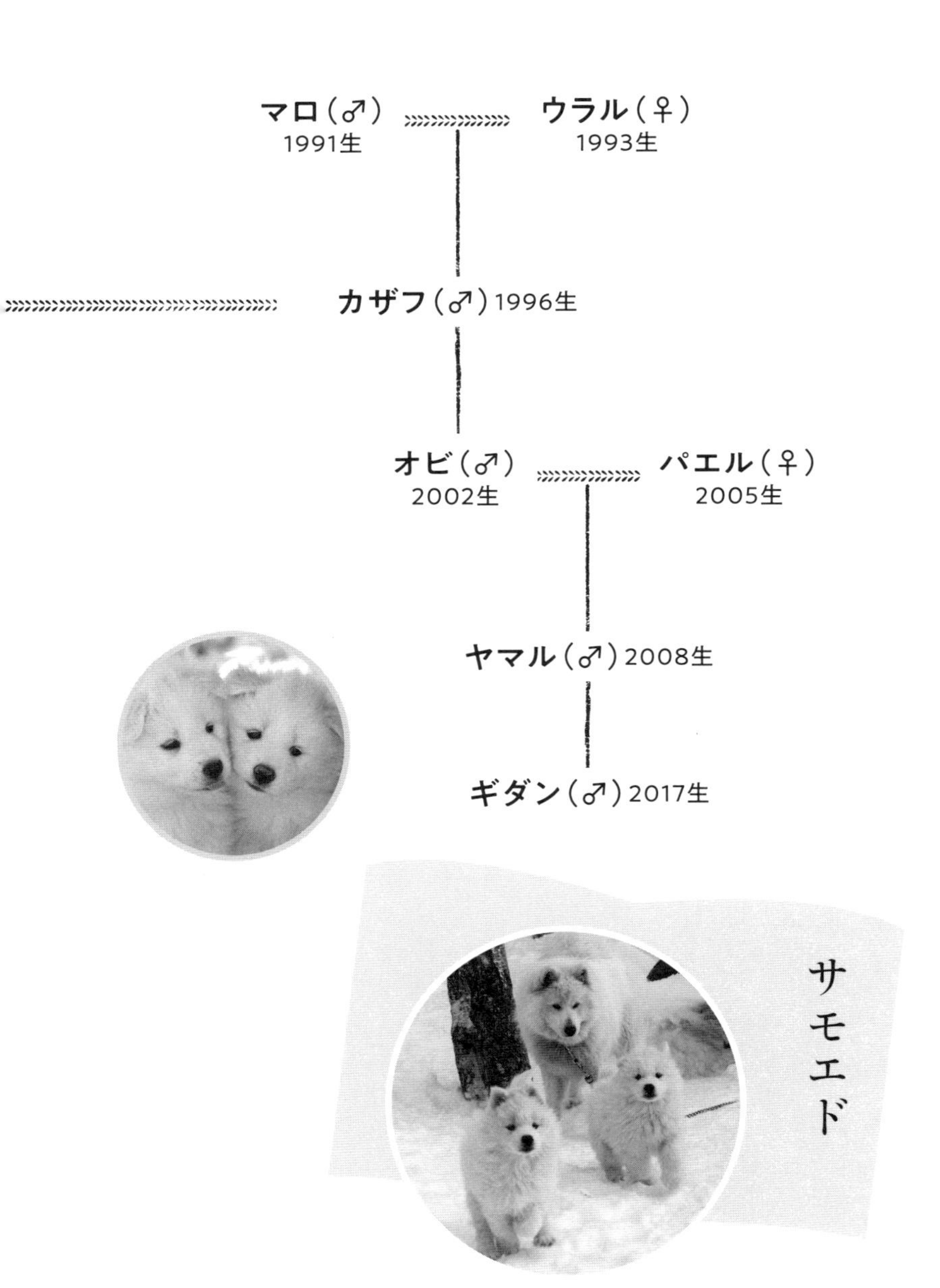
マロ（♂）
1991生
ウラル（♀）
1993生
カザフ（♂）1996生
オビ（♂）
2002生
パエル（♀）
2005生
ヤマル（♂）2008生
ギダン（♂）2017生
サモエド

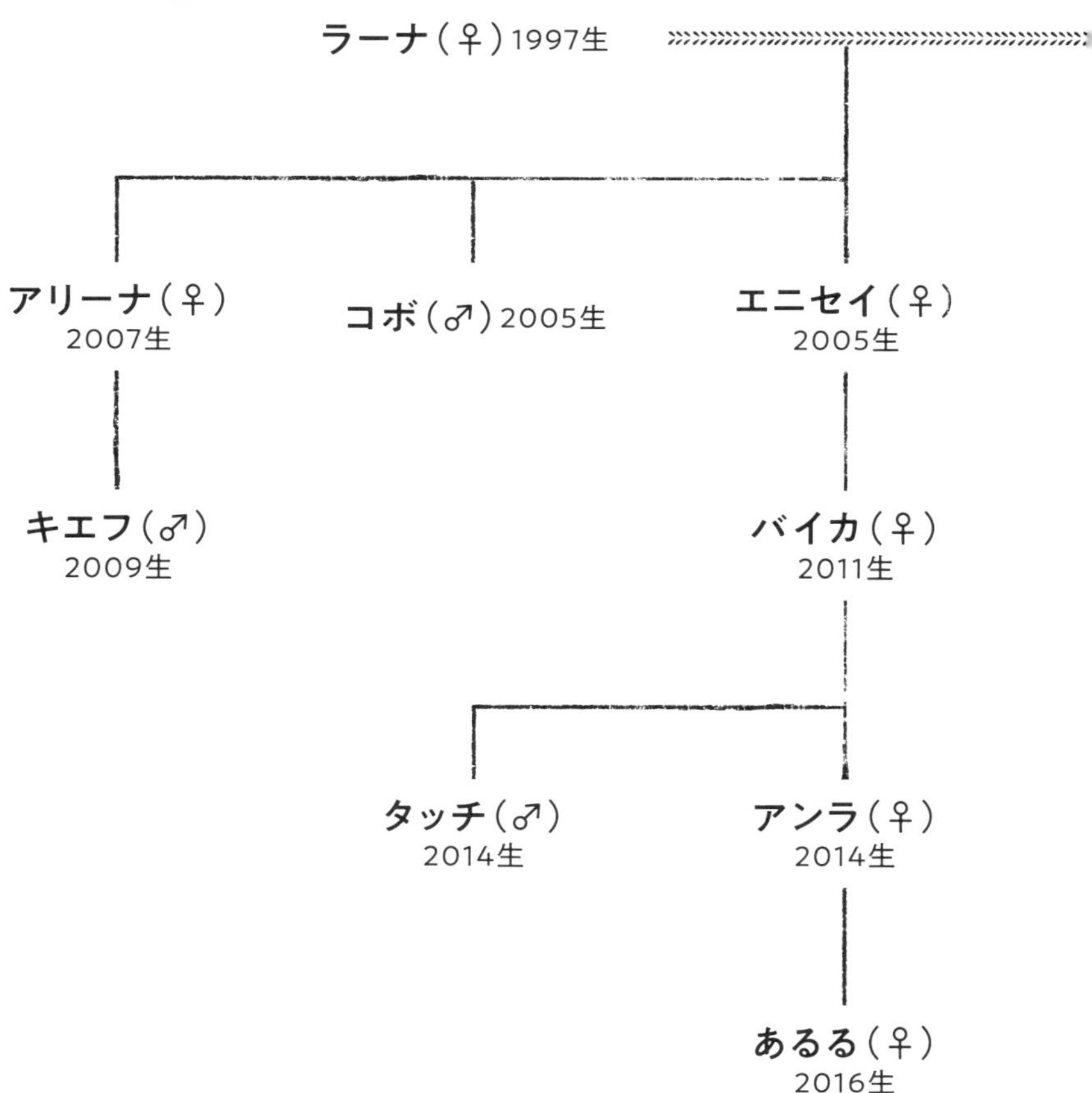

ラーナ（♀）1997生
アリーナ（♀）
2007生
コボ（♂）2005生
エニセイ（♀）
2005生
キエフ（♂）
2009生
バイカ（♀）
2011生
タッチ（♂）
2014生
アンラ（♀）
2014生
あるる（♀）
2016生

Chapter 1

巣立った犬たちの物語

涙をなめる瞳

私は、自分の携帯電話の着信音をできるだけ穏やかな曲にしている。それでも夜中から明け方に鳴り始めると、胸の鼓動が速くなる。そう、朝食を待たずにかかってくるのは、圧倒的に悲しい知らせのことが多いから。

それは親戚や先輩、友人の訃報のこともある。しかし、人間の場合は事故でもない限り闘病や養生の時間があり、周囲も死を覚悟していく時間を経由していることが多いので、逝去の連絡は日が昇って世の中の日常が始まってからになることがほとんどだ。目覚ましのようにメロディーを響かせるのは、わが家で生まれ、その後を託した犬たちの飼い主さんからの悲しい報告ではと、私は覚悟をして通話ボタンを押す。

最近は、なぜか秋になると空に居を移す犬たちが多い。暑い夏に体調を崩してしまうものか、それはわが家も同じことで、女房がカレンダーに書き込む死んだ犬たちの名前で、9月はメモ欄が埋まってしまう。昨年も何頭かの犬が紅葉を見ずに全国各地、それぞれの地で天寿をまっとうした。

埼玉からかかってきたMさんの電話はわが家の偉大なサモエドの母・ラーナの娘ウラルの最期の報告だった。かすれ、途切れがちな涙の声を聞きながら、私の頭の中に、東京で、そして埼玉の地で何度も会ったウラルが佇んでいた。

「ありがとうございました。長いあいだ、お世話になりました……」

私はこれしか言葉が浮かばなかった。ただただお世話になりましたと感謝を伝えるだけだった。わが家で生まれたサモエドを介してのお付き合いは1993年の冬からだった。マロの息子のビアンカがMさんの家の子になり、その9年後にビアンカの姪になるウラルが加わり、コンビで仲良く暮らしてきた。ビアンカは16歳で空に昇り、そして昨秋、ウラルが後を追いかけた。

大きな体でつねに落ち着いていたビアンカ、少し恥ずかしがり屋で甘えん坊だったウラル。オフ会などの集いのときには派手に駆け遊ぶことなく、Mさんご家族の横に穏やかな笑顔の2頭の姿があった。

愛犬を見送った悲しみと寂しさは、相手が言葉を語れないだけに、ともすれば大きな無念さを私たちに運んでくる。どうしてもっと早く病に気付かなかったのか、どうして動物病院で検査をしなかったのか、与えていた食事が悪かったのでは……などと。

歯形の残る食器を眺めては溜め息をつき、ソファに抜けた毛を見つけては涙する。玄関の壁にかかったままの使い込んだリードを手に取り、雨の日、晴れの日、ともに歩いた道々の光景もよみがえる。

喪失感のなかから手紙や電話をいただくことも多い。そのときに、犬の姿が消えた家の中がどれほど寂しいものかとよく聞く。しかし、この悲しみを繰り返すのも怖いし、新しい犬を飼うのは先住の子への裏切りではないか、とも。

私は声を張り上げはしないが、心をこめて静かに返事をする。

「けっして裏切りでも不忠でもありません、新しい子のなかに必ず先の子がよみがえります。悲しみの心、涙を、熱い舌でなめてくれます」と。

ウラルをはじめ数頭の悲しい知らせを受けた2013年の秋、わが家のサモエドのエニセイが8頭の子犬を出産し、すくすくと成長していた。この子たち、愛犬を空に送り出したみなさんに笑顔を運ぶことができるんだけどなぁ。私は子犬たちの目が開き、かわいらしさが増す日々のなかでそう考えていた。

考えてはいたが、こちらから押しつける気持ちはなかった。それぞれの家庭で「よ

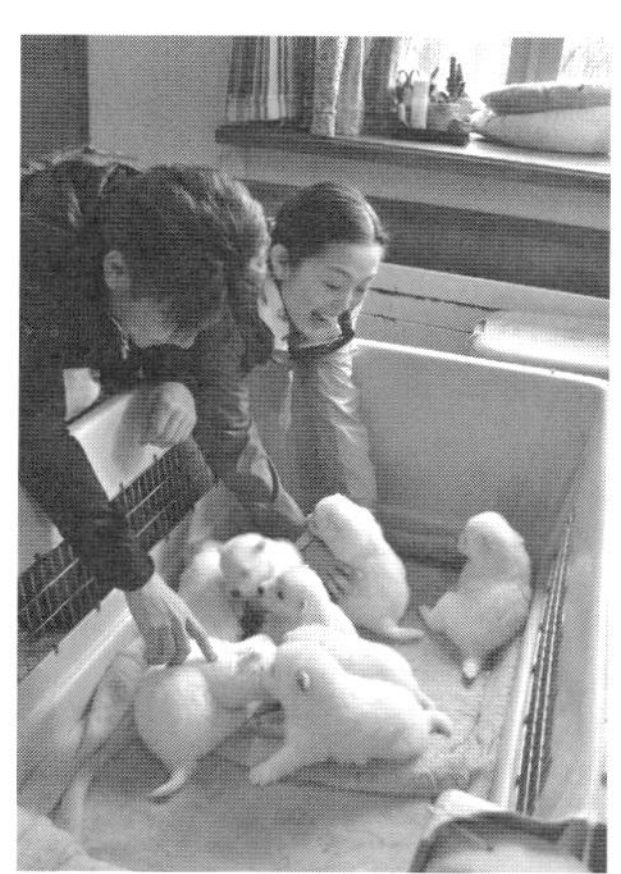

しっ！」とご家族のみなさんの気持ちがまとまるのを楽しみに、ホームページの掲示板やSNSで、順調に成長している8頭の子犬の姿をこまめに紹介し続けていた。

そして12月、クリスマスまで数日というころから、8頭は新しい家族のもとへ旅立ちを始めた。サモエドはクリスマス犬と言われている。まさにふさわしい時期に笑顔を届け始めた。

北の地まで子犬たちに会いに来てくれた家族、電話やメールでの長いやりとりの後に決断した家族、8頭は北海道から愛知まで全国各地で暮らし始めた。

そのなかには埼玉のMさんもいる。ビアンカ、そしてウラルの跡継ぎにオスっ子が行くことになった。名前はアンジェロ、そう、笑顔を届ける天使である。

そして驚いたことに8頭中6頭が、先住の子を見送った家庭に行くことに決まった。ウラルと同じ時期にサモエドのモコを亡くした神奈川のYさん。4年ほど前に同じくサモエドを見送った北海道のMさん、群馬のFさん。東京のMさんは昨年、天寿のコリーを看取っている。小型犬を亡くした釧路のOさんは、念願のサモエドに次の笑顔を託した。

ああ、わが想いがかなった。

私と女房はそんな気持ちで、犬たちが旅立つ朝に初めてのシャンプーをし、ブラシをかけ、そして「明るく、楽しい子になるんだよ、元気でね！」と言い聞かせて送り出した。何かいつもと違う、そんな雰囲気で女房に抱かれた子犬を撮影しながら、それぞれのご家族の決断に、大きな大きな拍手を贈らせていただいた。

コロの便り

落ち葉が霜で白くなったころ、丁重な手紙をいただいた。差出人の名前に思い当たる節はない。しかし、10枚にも及ぶ厚い便せんを読み進むうちに、私は椅子に座り直して背筋を伸ばした。

「……私は15年前に石川さんから柴犬を譲っていただいたMの娘です。過日、父は5年に及ぶ闘病の日々に区切りを付け、静かに旅立ちました……」

ここで、関西に行ったミゾレ（柴犬）の子犬の飼い主・Mさんの娘さんからだとわかった。Mさんからは毎年のように、その柴犬の誕生日に手紙をいただいていた。それが途絶えたのが5年前、ひょっとするとミゾレっ子が死んだのかと思っていた。

しかし、事情は違っていた。2枚目の便せんにはそのことが詳細に書かれていた。Mさんは突然の脳梗塞で倒れ、幸いにして一命は取りとめたものの、歩くどころか床から起き上がるのも難しい状況になってしまった。それまで犬と里山を歩くことを楽しみにしていたMさんは落胆し、医者や家族がリハビリをすすめても背を向けて床に伏していたという。

当然ながら、家の中の雰囲気は暗くなった。Mさんの奥さんは介護に疲れ、同居して米作りを手伝っていた娘さん夫妻も、高校生と中学生の孫たちも、笑顔での普通の会話がなくなってしまった。

ある日、ミゾレっ子（名前はコロだった）が、誰かが閉め忘れたMさんの療養部屋のドアから室内に侵入してしまった。

「あっ、コロ！ ここは入っちゃいけないの！」

名前を呼んでもコロはMさんの枕元から離れようとせず、Mさんの顔を必死になめていた。首輪を握って引いても、四肢を突っ張って離れまいとがんばったそうだ。

「室内飼いのようですが、部屋に犬は入れないようにしてください。感染症などが怖いので」と医者に言われていた家族は、それまで慎重にコロの動きを制限してきた。けっして医者の言葉を全面的に信じていたわけではなかったんですが……、と娘さんの手紙には書いてあった。だが、家族の気持ちがMさんに集中していて、コロには気が回らなかったのだろうと想像できる。

毎日、朝夕2回の楽しい散歩をさせてくれたMさんの姿を確認したものだから、コロはヒーヒーと声を出し、しっぽを懸命に振った。ついには前足でMさんの体にかけられている布団をはねのけたらしい。家族は「ケガでもしては大変」と、コロを引き離そうと懸命になった。そのとき、騒ぎを見ていた高校生の孫娘が気付いたのだという。

「ねえ、待って、おじいちゃんが泣いてる。コロって言ってるみたい。きっとうれしいんだよ。いいじゃない、このままコロがいても！」

病に倒れて数か月、その日からコロの主たる生活空間はMさんの部屋になった。それまではMさんを閉じ込めるようにきちんと閉めていたドアを開けっ放しにしたことで、リビングのにぎやかな声がMさんにも届く。コロはMさんの部屋に同居し、もよおしたら開いたドアから出て、好きなときに浴室に置かれたペットシーツで用を足すことができるようになった。

「まるでコロは、ベテランの臨床心理士か有能な理学療法士のようでした。誰が言っても頑固にリハビリを拒否していた父が、コロともう一度散歩に行くんだと杖を持ち、言葉も不自由だったのに、コロという名前だけは真っ先にはっきり言えるようになっ

たんです……」

コロが部屋に侵入（？）してから1年後、Mさんは玄関から消えていた自分のスニーカーを下駄箱から取り出してもらい、30ｍ先にある水田まで自力で歩いて稲穂に手をふれた。

「おいっ、今年の米はなかなかいいぞ」

はらはらしながら見守っていた家族を振り返り、Mさんは顔をゆがめながらゆっくりとそう言った。マヒのせいでちょっと怒っているように見えたが、あれは笑顔だとみんなが理解した。

杖はMさんの右手に握られていた。コロはその反対側で杖の動きの邪魔にならない位置に体を寄せ、つねにMさんを見上げていた。手紙にはその様子に家族みんなで涙した、と書かれていた。復活したコロとMさんの散歩は徐々に距離を延ばしていき、3年後には山の麓までの往復1㎞に達したという。

「いやあ、コロには負けました。偉いもんですねえ」

リハビリ通院の日に日々の様子を聞き、担当医は娘さんにそう話した。「コロにごほうびを」とクッキーの大きな箱を持たせてくれた、と便せんの6枚目にうれしい文章が続いていた。

そして……。

最初の発作から5年後、心配していた2回目の脳梗塞が起きてしまった。診断は重症、マヒは全身に及び、認識力も意識も失われていた。「覚悟しておいてください」と医者から宣告された家族は、カレンダーの過ぎた日をサインペンで赤く囲んでは、安堵と感謝を残していったと言う。

15歳になったコロも、確実にMさんの異変を感じていたらしい。だからこそ、玄関に置いてある引き綱をくわえ、静かに眠っているだけのMさんの枕元で鼻声を出して散歩をせがむという、以前は見せたことのない行動に出たに違いない。

「コロ、ありがとう。おじいちゃんね、もう疲れたんだって。散歩は今度ね……」

そう言われると、コロは白内障で白くなりかかってきた瞳をMさんに向け、いつ起きても付き合えるように、オスワリの姿勢と少しの居眠りを繰り返していた。

さて、長い手紙の最後の1枚である。意識のないMさんの顔をガーゼのタオルでぬぐうと、嫌がるような動きを示していたそうだが、「コロがなめると顔を下に向けるような感じでした。きっとわかっていたんだと思います」と書かれていた。Mさんとコロが何度も歩いた田んぼのあぜ道、その周辺で稲刈りが始まった1週間後、Mさんは、家族とコロに見守られて永眠した。日付の数字を囲んだ赤い丸は30個になっていたという。

手紙の最後は、「すばらしい柴犬、コロをありがとうございました」と締めくくられていた。しかし、これは間違いだと思う。私のほうから「うちの柴っ子をすばらしい犬に育ててくださって、感謝申し上げます」とお礼を言わなければならない。

わが家で産声を上げ、たくさんの犬や猫に囲まれながら、保育士犬に指導されてすくすく成長するのはわずか2か月半だ。その後、Mさん宅に行ったコロのように、子犬たちは新しい真の家族のもとで日々を重ねて数年、十数年をかけて本当の「犬」になるのだから。

シニア犬と暮らす

先日、古い友人の奥さんから電話がかかってきた。

「ごぶさたしてます。うちの主人、おそらく石川さんに話してないと思うんですが、ちょっと事件がありまして……。どうしたものかと思い切ってかけてみました」

事件と聞いて、久しく会っていない友人の顔を思い浮かべながら、あれこれ悪いことを想像してしまった。しかし、奥さんの話す内容はじつにわかりやすいものだった。

「じつはうちのジョン、以前石川さんに会ってもらった柴犬ですが、今年で15歳になります。最近は年のせいか、大好きだった散歩もショートカット、用を足すとすぐ家にUターンです。以前に比べて食べる量も減り、リビングの床の上で寝てばかりだし……」

私は、尾をぶんぶん振りながら私の足を前足でちょんちょんと突くオスの柴を思い出した。確か6年ほど前に会ったはずだ。

「覚えてますよ、たくさんおやつを食べた子ですよね。コーヒーと一緒に出されたクッキーもほとんど取られてしまったような」

「はいっ、その子です。それが2週間ほど前に、主人の手を咬んでしまったんです。出血はほんの少しだったんですが、咬まれたことのショックが大きいのか、それから主人がジョンを避けているようで切ないんです」

そのときの状況を詳しく聞くと、床に敷いた専用マットの上で寝ていたジョンに帰宅した友人がそっと近付き、小声で「ただいま」と言いながらなでようと首筋にふれたとのこと。その瞬間、「ガウ！」と叫びながら鋭い反応で首を上げ、彼の右手に歯を当てたらしいのだ。

まさかの出来事で、避けることのできないすばやい動きだったという。その後、（私と同じように）血に弱い友人は大声で奥さんを呼び、手当てを要求したらしい。ジョンは友人の大声を「しかられた」と受け取り、こそこそとテーブルの下に入り、しばらく出てこなかったと奥さんは説明してくれた。

「15年間家族の一員としてかわいがってきた犬にケガをさせられ、傷の痛みに心の痛みが重なったのか、主人はすっかり落ち込んでしまって……。最近はジョンにあまりかかわらず、散歩も食事の用意もすべて私がやってるんです。石川さんに聞いてみたらと何度も言ったのですが、『そのうちに』と生返事ばっかり。きっと恥ずかしいんですよね、それで私が電話をさせていただきました。ジョンだってもう15歳、そんなに先は長くないと思います。なんとか最後まで私たち夫婦のぬくもりを感じて日々を過ごしてほしいので……」

友人たちは子どものいない夫婦だった。犬を2人の心の芯としてかわいがってきていた。受話器の向こうの奥さんの言葉は、しだいに涙声になっていった。

深呼吸をし、私は長い犬との付き合いのなかで、見て、聞いて、そして体験し、学んだことを話し始めた。

「S（友人）のことだから、いや、きっと奥さんもでしょうが、耳が遠くなり、もしかすると目も白くなって視力も落ち、さらに体の緊張が緩んで動きも鈍くなったジョンに、そっと静かに対応しているんじゃないでしょうか。じつはこれ、人間もそうですが、犬にもあまりおすすめできない接し方なんです」

受話器の向こうで、奥さんが小さな声で「えっ」と言うのが聞こえた。私は続けた。

「年を取って五感が衰えてくると、犬として最も大切な『身を守ること』が危うくなってきます。敵の接近やあらゆる危険の察知が遅れるからです。すると、リビングでのんびりするときも、自分の気に入った安心できる場所で丸くなり、あちらこちらと昼寝の場所を変えないはずです。安心の場で熟睡していたときに、Sの突然の手です。おそらくジョンは迫る直近の危険だと、無意識かつ反射的に歯を向けたんだと思います。昔、子どものころにやりませんでしたか？　友だちの後からそっと近付き、背中を両手でふれて『わっ！』と驚かせる遊び。私はよくターゲットになり、びっくりしながらも心臓に毛が生えるほど鍛えられたものです……」

冗談を挟んでも奥さんの笑い声は聞こえず、真剣に聞いてくれているのが伝わってきた。

「よく飼い主さんにお話ししているんですが、結論から言うと、老いた犬はそっと扱わず、にぎやかな輪の中に……です。近付くときもわざと床に足音を響かせ、ドンドン歩きましょう。こうすると耳は遠くても、寝ている犬の体に振動が伝わります。『あっ、誰か来るな』とジョンも備えができます。そして大きな声で名を呼びつつ鼻先で手を動かします。嗅覚は最後まで維持される犬の大切な能力です。これで、『あ父ちゃんだ~。お帰り。僕のごはん代、稼いできてくれた？』となり、どこをさわっても咬まれる心配はなし。むしろ尾を振ってくれるでしょう」

こう話すと、奥さんは次のように答えてくれた。

「わかりました、私たち、必要以上にジョンを特別扱いしてたんですね。それが逆に驚かすことにつながっていたなんて……、犬って不思議ですね。ありがとうございました。主人が帰ったらさっそく教えてやります」


1週間後、友人のSから電話がかかってきた。

「やあ、ごぶさた。この前は女房の電話の相手をしてくれてありがとう。おかげでジョンと友好条約を再締結できたよ。ここ数日、オレのひざを枕として提供しているくらいだ」

さすが、営業畑で長く仕事をしてきた人間の言葉選びだなあと心の中でにやにやしながら、明るさを取り戻した友人家庭を想像して話を終えた。

外に出ると、犬たちが一斉に吠え始めた。尾はぶんぶんと振られている。しかし、今年で14歳になる柴犬のゴン吉だけは、陽の当たる雪の上で丸くなり、騒ぎが耳に届かないのだろう、微動だにしなかった。茶の薄くなった顔、ぼさぼさの毛を見て、ああ、ゴンもおじいちゃんになったんだなと、改めて感じたのだった。

ともに歴史を

　２０１６年に産声を上げたサモエドのアンラの子犬たち。その子を飼うことが決まった新しい飼い主さんから、こう聞かれたことがある。

「石川さん。ＮＨＫの『ファミリーヒストリー』という番組、見てますか？」

「ええ、ときどき。この人にもすごい歴史があるんだなあ、よく調べるなあって驚いてますよ」

　腕の中で見上げる子犬に笑顔を向けながら、飼い主さんはこう続けた。

「私はあの番組が好きなんですが、同じことをこの子に感じてて……。ああ、私も家族もインターネットを通してわが家の子犬の歴史を共有しているんだなと。誕生から今までの出来事をネット上で詳しくアップしていただいて、本当にありがとうございます。実家での成長の様子を確認できました」

その飼い主さんにとっては、アンラの子は初めての犬ではなかった。以前は、ペットショップのショーケースに入れて売られていた犬を飼っていたそうだ。純血種だったが、ショップに聞いても血統書で調べても、どこで産声を上げ、どんな日々を経て自分のところにたどり着いたのか、わからずじまいだったらしい。

「子犬にだって、短いけれどヒストリーはありますよね。その母親にはお産までの歴史、そして誕生から旅立ちまでの大変化の歴史も……。今回はそれを見守り、すくすく育つ姿を応援することができて、本当にうれしいんです！」

頭を下げる飼い主さんに、私は慌てて返事をした。

「とんでもないです、お礼を言われるほどのことはしてません。新しく飼い主さんになってくださる方だけではなく、大勢のみなさんに幼い子犬の成長の日々と、母親をはじめ周囲の犬たちがどう子育てにかかわっているか、それを見ていただきたかっただけです。これからの日々こそが本当のこの子の歴史。どうぞよろしくお願いいたします」

初めて私が自分の犬にお産をさせてから、約40年が経った。子どものころに実家で子犬が生まれてはいたが、祖父や祖母が世話をしていた犬だったし、それは私自身の

経験とは言えないだろう。

誕生し、成長した子犬を希望者に譲ることを始めて間もないころから、飼い主さんから電話や手紙でわが家を訪問したいという連絡をもらうようになる。こんな電話がかかってくることもあった。

「大きくなりました、そしてかわいくなりました、ぜひ母犬に会わせたいです。そして石川さんにも見ていただきたいので、そちらに伺いたいのですがいいですか？」

確実に親バカの香りがする受話器の向こうの声に、良かった良かったと安堵しながらこう答えた。

「もちろん大丈夫ですよ。お母ちゃんは、もう12歳を超えておばあちゃんの雰囲気ですが、元気にしてます。ぜひ会わせてやってください」

本州から北海道の東端まで、車で長い距離を移動してきた飼い主さん一家は、少し疲れた運転手（お父さん）を横目に、愛犬の誕生の地で歓声を上げていた。別れてから長い時間が経つと、まず「母犬と子の感激の再会シーン！」とはならない。それを期待していたお母さんは、「どうしたの！　ほらっ、お母さんでしょ。元気にしてるよーってあいさつしたら」とけしかける。そこで私はひと言挟む。

「もう少し待ってみてください。この故郷の大地の匂い、母犬の匂いと動きに幼いころの記憶が蘇って、必ず心がからみ合いますから」

やがて、互いの鼻先やお尻を嗅ぎ合った母と子は、何となく意識し合いながら動きをシンクロさせる。家族はその様子を笑顔で眺めながら、私と女房にすごい勢いで話しかけ始める。

「あの子が家に来てすぐのころ、ゴミ袋を飲み込んでしまって病院に駆け込んだんです。それと、ソファを掘って自分用の巣穴を作りました。お父さんの靴が何足もゴミになりました。私の靴下も食べられて、袋に入れてあった子どもたちの給食費を、来客中の居間にぶちまけました。そうそう、お客さん用のお茶菓子を食べてしまった事件もあったなあ。高い和菓子だったのに……」

どう返事をすればいいのか迷ってしまうような報告ばかりで、躊躇している私に中学生の娘さんが助け舟を出してくれた。

「お母さん、言ってること全部、ダメ犬紹介になってるよ。いいことだっていっぱいあるじゃない！」

「もちろんよ。この子が来てからいちばん良かったことは、あんたがお父さんと前みたいに話をするようになったこと。家族４人のかすがいになってくれて……。だからいたずらの歴史だって、楽しい思い出として話せるのよ」

娘さんが抗議の声で言った。

「だってお父さんって、放っておくとお酒のつまみをみんなあげちゃうんだもん！見張っていて注意しなくちゃならないし、この子とドライブで遠くに遊びに行きたくても、運転はお父さんしかできないから、仕方ないでしょ」

横に置いてあった丸太に腰をおろして休んでいたお父さんが、初めて口を開いた。とてもやさしい声だった。

「何だよ、おれは単なる運転手かよ。けっこう疲れるんだぞ、この役は」

娘さんが笑って応じた。

「でも、この子を北海道から送ってもらうって言い出したのはお父さんだからね。そこはほめてあげる！」

ともに暮らしている愛犬を生誕の地に連れて行き、母犬に会わせてやりたい……。そんな素朴な楽しみを、たくさんの家族が実現してくれている。人間と比べると、とても短い犬の時間。一生のあいだに一度でも里帰りをしてほしい。そしてそれまでは、離れた地で互いに築いている〝ファミリーヒストリー〟を、便利なインターネットを通して確認してもらえるなら幸いだ。私は心からそう思っている。

縁は途切れず

遠望すると知床に連なる山々の頂はまだ白いままの5月初旬のこと、1頭の黒いラブラドール・レトリーバーが里帰りしてくれた。庭の雪は解けたが、冬期の凍結で大地は硬い。車から降りると一瞬にして生後3か月までを過ごした実家を思い出したのだろう。吠え声で迎えているわが家の犬たちすべてに駆け寄り、ちぎれてしまうのではと思うほどしっぽを振っていた。

そのオスのラブの名前はハリー、2013年にユニ母ちゃんとチャンプ父ちゃんのあいだに6頭きょうだいで生まれ、埼玉に行った子だった。

「ハリー、おいで。ユニ母ちゃんだよ」

玄関のドアをしっぽでバンバンたたく黒ラブを連れて女房が出て来た。ハリーはすぐに駆け寄って口を合わせ、鼻息を荒くしてユニの尻や腹を嗅ぎ始めた。

「ガウッ！」

オスに対して気の強いお母ちゃんは、すっかり大人になったハリーに「かわいいわが子」という意識はない。いつものように鋭く首を振って拒絶を示した。

「ああ、ユニ、元気そうですね、良かったー。胃捻転で手術をしたと聞いて心配してました。もう13歳ですものね」

その前年の秋、ユニは胃拡張と捻転の疑いで緊急手術を受け、夜間にもかかわらず速やかに処置してくれた先生のおかげで命拾いしていた。そのまた1か月後に再発したときは手術は困難との判断から、太い針を刺してガスを抜く方法で無事に回復していた。戸外に出しておくと石や馬糞、果ては自分のウンチを食べることもあるほどなので、それ以降はリビングで過ごさせることになっていた。

「処置のタイミングが良かったのとユニの生きる力でしょうか、14歳で逝ったタブ母ちゃんの年齢はクリアできそうです」

そう返事をしながら私は、何度もユニに恭順のあいさつをしようとするハリーの動きを眺めていた。

「申し訳ありません、うちのレオンはタブ母ちゃんの年齢に届きませんでした。あと数日で12歳というところで……」

静かな声でそう話すハリーの飼い主さんの手には、花束と小さな骨壺があった。

「レオンの骨を分けて持って来ました。タブ母さんの横に埋めさせてもらってもいいでしょうか。これからはいっぱい甘えられるようにしてあげたいんです」

「どうぞどうぞ、タブの横にはセン兄ちゃんも寝てます。タブは黒ラブだったのでその大きな黒い石、センはイエローだったのでその横の黄色い石が目印ですよ」

飼い主さんは黒い石の横に素手で穴を掘り、白い灰を入れて土を戻し、そして花を供えた。

「レオン、お前は逝ったけど、同じときに生まれて一緒にたくさん遊んだきょうだいのユニやモモ次たちは元気だよ。空の上からお母ちゃんと一緒に見ていてね！」

大きな黒い石の横にはイエローのモモ次がつながれている。いつもの跳ねるしぐさは見せずに、手を合わせる飼い主さんを静かに見つめていた。


埼玉から北海道の東端まで１５００㎞の道のりを車で走って、レオンが里帰りをしてくれたことがあった。遅い桜が散り、ようやく林や野原が緑でにぎやかになった、２０１３年６月のことだった。前年にタブ母ちゃんががんを患い天に昇ってしまったので、その墓参りときょうだいのユニ、モモ次に会うための思い切った旅だった。

そのとき、わが家の庭でレオンを迎えたのは6頭のチビッコギャングたち。生後2か月のユニの子どもたち、レオンにとっては甥や姪に当たる犬だった。訪れた犬はもちろん、何よりお客さんが好きな子犬たちは、レオンと飼い主さんを笑顔で襲撃した。

「どの子も元気ですねえ。みんな心も体も健康な感じで、石川家はこの子たちの天下ですね。もう行き先は決まってるんですか？」

まだ未定の子もいますよと返事をして、私たちは車で30分ほどの海へと出かけた。連れて行ったのはレオンとユニ、幼いころに池やプールで遊んだことはあったが、海は初めてというレオンがどんな反応を見せてくれるか楽しみだった。

北方領土の国後島を正面に望む、いつもの浜へ。少し波があったが、ここを自分の海と思っているユニは慣れたもので、すぐに飛び込み、育児でやせた体を波に浮かせていた。それを見たレオンも、ラブラドールの血が騒がないはずがない。すぐにユニを追いかけ、見事なスイマーぶりを発揮してくれた。棒切れをまさにレトリーブ（回収）したり、漂っていた海草をくわえたり……。2頭の遊びは飽きることなく続き、付き合う人間が冬用の上着を持ち出すほどの寒さのなかでも続いていた。

家に戻り、熱いコーヒーを飲みながら犬たちの話をしていたとき、奥さんとご主人が目を合わせ、そして口を開いた。

「あのう、ユニの男の子、ぜひレオンの子分にと思うのですが、いかがでしょうか……」

もちろん、私と女房に拒絶する理由などはない。

「うれしいです！　レオンのところでしたら安心してお譲りできます。元気すぎるオスっ子も、ラブらしさも、すべて経験されてるので」

レオンの縁がさらに太く伸び、里帰りから数週間後に旅立った甥っ子の名はハリーと決まった。

「ハリーが来てから、レオンがすっかりお兄ちゃんになりました。いつもハリーのことを気にかけて、一緒に遊び、一緒に食べ、そして一緒に眠ることもあります。ハリーはハリーで、つねにレオン兄ちゃんの真似をしようとがんばってます。おかげさまでレオンのわんぱく時代のような苦労はほとんどありません。やはり同居はいいですね」

うれしい便りが届き、ほぼ毎日通っているという近くのドッグランでの仲良しコンビの写真が添えられていた。そこには活力とやさしさにあふれた黒ラブの姿があった。

そして２０１６年の暮れ、あと数日で12歳というところでレオンは病に倒れた。ご家族の悲しみを思うと言葉も見つからない北の実家だったが、ただひと言、「レオンにすばらしい一生を、本当にありがとうございます。幸せ者でした、レオンは！」と電話の向こうの奥さんに伝えた。

「ありがとうございます。動かないレオンを見てからハリーがやさしくなって……。家族の悲しみを理解してくれてるようで、またひとつ大人になった感じです。ハリーがいてくれて本当に良かったと、感謝してます」

5か月が過ぎ、ヤマザクラがまだ開いていないわが家に、ハリーを連れて飼い主さん夫妻がやって来た。レオンの遺骨をタブ母ちゃんの横に分骨し、花と祈りを添えた後、私たちは思い出の海に向かった。4年前はレオンとユニ、今年はユニとハリーの親子という組み合わせ。ハリーもドッグランのプールではまさしく〝カッパ〟だったが、海は初めてだ。しかしそこは、水を得たラブラドール。ハリーもほぼ隠居生活のユニも、いつまでも北の海に挑んでいた。

霞んで見える国後島、その左手に白い頂を隠してしまった羅臼岳知床連山。それを眺めながら私はつぶやいた。

「タブ、レオン、見てるかい。お前たちの紡いだ糸は、ほら、確実に太く長くなってるよ。ありがとう」

最高の友達

数年前、遠く2000㎞以上離れた南の地からメールをいただいた。私のホームページの掲示板を、十数年前から見てくださっている方からだった。

＊

初めてお便りをさせていただきます。わが家は先祖代々（は大げさですが）、長く猫を飼い続けている米作農家です。家族全員、猫が好きです。以前は庭や納屋などにも自由に行き来できるようにしていましたが、5歳になる今の子からは、交通事故が怖いので家の中で飼ってます。

じつは、小学4年生になる孫娘が「どうしても犬が欲しい、それも柴犬！」と言ってきかないんです。私の夫は（まだ髪がふさふさ&黒々なのに、おじいちゃんと呼ばれてます）、侵入してきた近所の脱走犬に先代の猫が襲われて大ケガをした記憶があること、さらに生まれてこのかた70年、犬を飼った経験がないこともあって「ダメだ、猫がかわいそうだ！」と言い続けてます。

そうこうしているうちに、孫娘が学校から帰る時間がどんどん遅くなってきました。どうやら犬のいる友達の家で遊んできているようです。それほど犬が好きならと、孫娘がかわいくて仕方ないおばあちゃんの私は、認めてあげたいんです。

これまで書き込みはしていませんが、石川さんのホームページの掲示板は長く拝見してきました。ニャンコロでしたっけ、猫が大きな犬と仲良くしている写真にびっくりしたことがあります。猫がたくさんいる居間で犬がお産をしているのも驚きでした。きっと秘訣があるはず、それを孫娘のために教えていただければとメールをお送りした次第です。よろしくお願いいたします。

あっ、わが家は私と夫、息子夫婦とその子どもたち（小4の女の子、小2の男の子、5歳の男の子）の7人と、5歳のメス猫の大家族です。

＊

便せんにすれば5枚以上かと思われる長い文章で、ほかにも暮らしのことなどが詳細に書かれていたが、要点をまとめるとこのような相談のメールだった。一家における許認可業務は髪の黒い若々しいおじいちゃんが握り、そこを突破するためのアドバイスを、との願いが文章にあふれていた。これに応えずして「犬猫雑居飼い」と胸は張れない。私はすぐに膝に猫を乗せて返信を書き、ポチッと送信マークを押した。

私は文頭で、まず孫娘さんをほめた。「柴犬を選ばれたこと、これはすばらしいです。この犬種ほど簡単に猫と友達になる犬はいないかもしれません」と。

その理由は、わが家での「柴犬と猫のドラマ」で説明した。

*

これまで10頭以上の柴犬を手元に置き、猫は数十匹の単位で一緒に暮らしてきました。これまで一度も、柴犬が猫を襲ったことはありません。あっ、正しく書くと、わが家の猫（家族の猫）を……です。遠出をして野良風の猫に出会ったとき、追いかけたことはあります。これは猫を襲ったと言うよりも、「怪しい動きの動物を追った」というのが正解でしょう。じつは犬は目が悪いので、20m以上先の小さな動物は何なのか確認できません。野良猫が逃げたなら、その動きに対して狩りの本能から反射的に追ったと言えます。出会った猫が立ちすくんでいるのに近付くときは、確認したい、できれば友達になりたい、遊びたいという気持ちが強いでしょう。

さらに、柴犬はともに暮らす仲間をしっかり認識します。新入りの猫も、３日もす

れば家族であり、それを守ろうとする柴犬らしい性質が出てきます。庭でわが家の猫がのんびりしているときに、犬連れのお客さんが来たことがありました。車から降り、猫を見つけて駆け寄ろうとしたその犬と猫のあいだに、柴犬のゴン吉が入って止めたんです。まさに家族、仲間を守る姿勢ですね。

気を付けなければいけないこともあります。まず、今飼われている猫の気質です。知らない人が家に入ったときにシャーシャー言いながら姿を隠し、その日は食欲も落ちるような神経質な子は、犬との交流に年単位の時間がかかることがあります。わが家での最長記録は成猫でやって来たチョコの3年でした。

次に、おそらく子犬で来るであろう柴犬のほうです。わが家のように猫たちが普通にいる場所で産声を上げ、猫たちに囲まれて成長した犬を求めるのはなかなか難しいでしょうが、少なくとも明るいスペース、たくさんの人間の姿を見られるところで成長した犬を探してください。さらに、母犬やきょうだい犬と2か月以上一緒に暮らしていた子がいいですね。遊び方もその力加減も、ある程度は理解しているはずです。

もしペットショップで探されるのなら、ケージに1頭でいた犬ではなく、たくさんの子犬と遊ばせてもらっていた犬、お客さんに耳を倒し、しっぽを振って近付く明るい犬がおすすめです。私の友人は大きなペットショップで仕事をしていますが、彼はときどき子犬と子猫を広いスペースで一緒に遊ばせています。飼う予定のない人も、犬と猫の楽しい様子を見に来店するようです。このような店なら良い犬との出会いも期待できます……。

＊

長い返信を送った後も、メールはもちろん電話でもやりとりを続けた。そしてお孫さんが小学校の最終学年になったときに、お祝いとしてメスの柴っ子がその腕に抱かれることとなった。

その後のことに関する報告はなかったが、「困ったことがあったらいつでも連絡をください」と伝えてあったので、「便りがないのは良いしるし」と信じ、私の記憶からも徐々に消えていった。

そして、道東のわが家にしては珍しく猛暑日を記録した7月のある日、「ごぶさたしてます」とのタイトルのメールが入っていた。柴っ子が来て1か月で先住猫とのあいだで〝協定〟が結ばれ、その2か月後に一緒に寝ている姿を見て驚き、家族全員で喜んだと。そして、中学生になって部活動で忙しいお孫さんは、毎朝、柴犬とともにランニングをしていると結ばれていた。

少女は大学生に

もう十数年以上前のことになる。東京の西多摩で、「東京ムツゴロウ動物王国」が犬や猫のテーマパークとして活動していた時期がある。その中のひとつのエリアとして「石川百友坊」があり、合わせて60を超えるわが家の犬・猫・家禽たちが、私と女房、そして若い仲間たちとともに、樹木が多く柵で囲われた広い空間で暮らしていた。

より多くの人に家畜・家禽やペットという身近な動物たちの姿や動きのすばらしさを、見て、体験してもらおうとオープンした施設だったが、母体となる運営企業が経営に不慣れだったこともあり、活動は4年ほどで断念することになってしまった。

しかし、北海道から参加した動物たち、現地で産声を上げた動物たちのあるがままの暮らしぶりは、来園してくれた人たちの瞳に、心に、ふれる手に確実に残っていたようで、リピーターの多い不思議な施設だった。よくあるテーマパークのように順路を忙しく巡り進むのではなく、広場の椅子に腰を下ろして、寄って来たひいきの犬や猫を、時を忘れてかわいがってくれる人が多かった。なかには、膝に猫を乗せて一緒に居眠りをするというほほ笑ましい光景も見られた。

ある日のミーティングのときのこと。営業時間外の活動を膨らませて、王国のある市のみなさんに動物たちのことを知ってもらおうとの提案が出た。それは、犬を連れての早朝パトロールとして形になり、地域の小学校2校の通学時間に合わせて、通学路を数頭の犬と王国のメンバーが歩き始めた。最初は戸惑ったり、怖がったりする子もいたが、やがて犬のいる光景が普通のことになり、校門に着くと「バイバイ！」と元気な声で犬の頭をなでてから校舎に駆け込む子どもたちの姿が見られるようになった。迎える校長先生やほかの先生方も、いつの間にか犬たちの名前を覚え、呼ばれると笑顔で尾を振る彼らをかわいがってくれた。

遅刻しそうになりながら走ってきた子を笑顔で注意していた先生が、校門を閉じるときに私に話しかけてきたことがあった。

「石川さん、今日も柴犬と一緒に来た女の子がいたでしょ。あの子は3年生になってから学校を休みがちだったんですけど、犬と一緒に通学できるようになってしばらく

したら、風邪でも引かない限りほとんど休まなくなったんですよ。私たちも気にしていたのですが、どうもクラスでいじめとまではいかないまでも、友達に無視されていたようなんです。おとなしい子なのでつらかったんでしょうね。先生たちも励ましていたんですが、なかなか……。それが柴犬のゴン吉やラッキーと学校に行けるとわかってから、明るくなって欠席なし。教師は犬に負けました、本当にありがとうございます！」

その女の子のことは、仲間から聞いて私も知っていた。同行する犬は担当する人間が決めている。どうしても自分が世話している犬を選ぶので、交代でパトロールに参加する人間が替わると犬も変化してしまう。柴犬に会えなかった日に、その子は「ねえ、今日はラッキーもゴン吉も来ないの？ 病気？」と、真剣に心配していたそうだ。

私はあまり出動しないパトロール隊員だったが、それでも女の子が母親と一緒に家の前で待っていて、ゴン吉の姿を見ると笑顔があふれ、かわいい声で「ゴン吉ー！」と叫ぶのを何度も聞いている。母親は安心したように、これまた笑顔で「行ってらっしゃい」と声をかけていた。

ラッキーもゴン吉も、柴犬だから人に媚びることはない。ただ、私たちと歩みを合わせて、ガイドのように確実に校門を目指す。それを見守りながらときどき鼻歌も出ている少女を見るにつけ、〝犬の力〟を再認識した。

西多摩を去って、10年が過ぎたころのこと。北の地に戻り、14歳になって耳が遠くなるなど老いも見え始めたゴン吉やラッキーと暮らしている私に、1通のメールが届いた。

＊

こんにちは。突然のメールで失礼いたします。私は10年ほど前にゴン吉やラッキーと友達だった……いいえ、彼らに助けられた○○と言います。

あのころ、私は小学3年生でした。クラスで自分の居場所がなくなり、学校が嫌で嫌で、朝になると体のあちこちが痛い感じがしてよく休んでいました。休むからよけいにクラスメートに避けられる、という悪循環から抜け出せないでいたのです。

そんなときに動物王国のみなさんが、犬を連れて一緒に学校へ行く活動を始めました。私は犬が大好きでしたが、家がマンションだったので両親からは飼えないと言われ、飼うのはあきらめていました。ある朝、外からにぎやかな声が聞こえてきました。母が部屋に来て、みんなが犬と学校に行ってるよ、○○も一緒に行ったら、と言いました。私が犬好きなことは母もよく知っていたから、ひょっとすると通学するのでは、と思ったんでしょうね。

数日、外の声を聞き、窓から様子を見ているうちに、私も参加してみようかな～と思いました。そしてランドセルを背負って母と玄関の外へ出て待ちました。

私には一大決心でした。でも、友達は犬たちに興味が行っていたせいか、私には「おはよ」と普通に言っただけで何も特別なことは起きませんでした。そんな日を続けていると、あるとき、クラスのリーダー的な男子が私に、「お前ってすごいね。怖い柴犬が平気なんだ！」と言ったんです。みんなのいるところで……。これは私に、もう大丈夫だと自信のような気持ちを運んでくれる出来事でした。

それからは病気のとき以外は学校を休んでいません。王国がなくなってからは、一緒に通学してくれるゴン吉やラッキーと会えないことは寂しかったけれど、近所の柴犬と友達になることができました。クラスメイトも、休んでばかりいた私のことは忘れたように遊んでくれました。

今、私は大学に通ってます。つまらないと予想できる長い講義があるときは、なかなか布団から出られません。ああ、ゴン吉が付き合ってくれたらな……と考えては、壁に貼った王国で撮った写真を眺めています。

石川さんのホームページを拝見してますが、ゴン吉もラッキーも元気に14歳になったんですね。大げさですが、私の人生を変えてくれた2頭に感謝を込めて、おめでとう、ありがとう……です」

＊

うれしくて、何度も何度もメールを読み返した。そして幼い女の子の顔をはっきりと思い出せない自分に腹を立てつつ、私も彼女に「ありがとう！」とつぶやいたのだった。

Chapter 2

石川百友坊は本日もにぎやか

柴犬の姿と心を備えて

いたずらをした柴犬のことで女房といさかいになると、よくこう言われる。

「実家に2頭いたんだから、私のほうが柴犬との付き合いは長いのよ。何せもう50年以上ですからね……」

そうなると、私も負けていられない。

「柴犬とは40年ぐらいだけど、物心がついたときには周囲に犬がいた。最初はシェパード、そして北海道犬。姿が違っても犬は犬だからね」

40年も50年も、それほどの差はないんじゃないの。そう言いたげに、ゴン吉が大きな声でやり合う私たちを見ている。

「ゴン吉、お前が悪いんだよ。せっかく敷いてやった毛布にすぐ穴を開けるから！」

おっと、矛先が自分に向けられたと気付き、毛布の端が入り口からこぼれ出ている自分の小屋へ、ゴン吉は静かに身を隠した。ゴン吉は、当時（2014年）11歳だったオスの柴犬だ。初代の柴犬ピコから数えて、わが家では7世代目にあたる。

出産を数多く重ねてきたが、代々の跡継ぎはメスと決めて、オスたちはほかの飼い主さんのもとへ旅立たせていた。ゴン吉がどこにももらわれて行かず、生家で暮らしてきたのには理由がある。生まれたとき、ちょうど東京でのムツゴロウ動物王国展開の企画が進行中で、大勢のお客さんの相手をする仕事に備えて、兄弟姉妹の3頭が残されたのだった。

30数頭の仲間たちと北海道の秋を思う存分楽しみ、大雪の中で弾けながら成長したゴン吉は、1歳の夏に東京・西多摩の地でデビューした。

動物王国内の「石川百友坊」は、50頭を超える犬と30匹の猫、そしてミニブタや烏骨鶏、アヒルも同居している楽しさに満ちた不思議な空間だった。そこでゴン吉は、誰に言われるでもなく自分の仕事を見つけた。それは、施設内に入って来るお客さんのチェックだ。たとえ20m離れたところからでも、初めての人かどうかを判断し、警戒の信号を出し、近付くと吠えて林に身を隠した。

その姿はまさに柴犬だった。サモエドやレオンベルガー、ラブラドール・レトリーバーたちが笑顔で尾を振ってなでられているのを眺めながら、自分が暮らしているエリアを守る仕事を自らの使命とした。

「石川さん、ゴン吉どうしましょう。お客さんに吠えてます。柵に閉じ込めますか」

新人の仲間が心配して尋ねてきた。

「吠えてるけど、絶対に攻撃はしないと思うよ。逆にこれを利用して犬とはどんな生き物なのか知ってもらおうよ、これが柴犬らしさのひとつですと……」

そのアイデアは大成功だった。なじみの人と見知らぬ人を見分けて吠えているゴン吉を前に、私たちは番犬性質を語り、警戒している犬の耳や尾の動きの説明をした。けっしてなで回すことだけが犬との付き合いではない、時には距離を取り、自然に振る舞うことも大切なのだ、と。

自分に懐かない犬に気持ちが向くのは、男女関係と同じ（?）なのかもしれない。ゴン吉に吠えられ警戒されたお客さんが、何度も百友坊に来てくれた。子どもたちや女性なら、10回ほどでほとんどの人がゴン吉をなでられるようになった。しかし大人の男性、とくに帽子をかぶったりもじゃもじゃのヒゲをたくわえている人は難儀していた。

「いやー、今日でここに来たのは30回目なんですけどね。やっとゴン吉に認められました。さっき、頭をさわれたので満足です！」

私たちは、ゴン吉と仲良くなった人たちの写真を撮って掲示板に張り出した。そこには苦節何回目かの訪問の成果を示す笑顔があった。前述の30回の男性は、「ゴン吉はいい営業マンですね。こっちは『こんにゃろー』と思ってつい通っちゃうから、リピーターを確保してるんですよ」と笑っていた。

東京にいた4年間で、ゴン吉はおそらく10万人を超えるお客さんに番犬姿を披露し、数千人の人と仲良しになり、そして生涯1度の結婚を果たした。

やがて2007年の暮れ、産声を上げた北の地への引っ越し。雨上がりの朝早く、大勢の人に見送られて仲間の犬たちとトラックに乗り、ゴン吉は東京を後にした。

生家に戻ったゴン吉は、数か月はまるで老犬のように、冬の陽光を浴びながら昼寝を続けていた。毎日が緊張と使命感に満ちていた西多摩での仕事を失い、気力をなくしてしまったようだった。

そのゴン吉が復活したのは、新たに誕生した子犬たちの姿を見てからだ。サモエドの真っ白な子犬たちがリビングを出て日光浴を始めると、ゴン吉は柵の横で見張り始めた。やがて子犬たちが活発に動き始めると、今度は保育士として遊び相手を楽しそうに受け持った。

　サモエドに続いてレオンベルガー、そして柴犬にラブラドールとお産は続き、ゴン吉の仕事は途絶えず長く続いた。保育士兼見張り役は、彼の生き甲斐と思えるほど大切な仕事になったのだ。

　では、来客にはどうなのか。これが不思議なことに、北海道に戻ってからはほとんど警戒の吠え声を出さず、吠えたとしてもそのトーンは「早く来て、遊ぼうよ」に変わっている。近付くと尾を振り腰をくねらせ、そして背を向けて体を預けるという最高の甘え方を示す。

「この子、本当にゴンちゃんですかー？」

　東京時代の彼を知る人は、みんなそう言って驚き、そしてちょっぴり残念そうな顔をする。そう、「私だけはゴン吉にさわれる」という優越感がなくなってしまったから……。

　現在の石川百友坊は一般公開施設ではない。したがって、来てくれるお客さんの数は限られている。あの東京での忙しくもにぎやかな日々を、ゴン吉は懐かしんでいるのかも知れない。

ちなみに、ゴン吉が見つけた仕事がもうひとつある。それは私の忠犬になり、私の仕事を手伝うことだ。

わが家の裏には広大な林が広がり、その中央には当幌川が流れている。人家も道路もないエリアで、わが家の犬たちのフリー空間、探検の場となっているのだが、たまに2時間を過ぎても戻らない犬たちがいる。それを探しに行く際にゴン吉を同行させてみた。すると、犬の嗅覚、聴覚、そして総合的なレーダーが効果を発揮するのだろう。ゴン吉が立ち止まり、耳を向けて凝視している方向に、遊ぶことに夢中になった犬たちや、川に落ち、岸に上がれなくて鳴いているずぶ濡れの犬を見つけたこともあった。

仲間探しに出ると、ゴン吉は私の10～20m先を歩くが、私の視野から消えることはない。進んでは振り返って私の姿を確認し、何か指示は出てないかと見つめてくる。これは教えたことではない。柴犬が本質的に備えている「ワンマン・ドッグ（ひとりの主人に忠実な犬種）」という資質のひとつだろう。

「ああ、お前は本当に信頼できる犬だね、ありがとう」

林の中でひと休み、ポケットから大好きなおやつを差し出すと、ゴン吉は私の指まで食べる勢いでガブリとくる。これは年を取っても変わらなかった。

そんなゴン吉が、初めて手術をするほどの大ケガをしたことがある。原因はメス犬を巡るほかのオス犬のヤキモチ。やさしいゴン吉にはヒートの来たメスが寄って行く。それを気に入らない某親分見習いの犬（サモエドのヤマルだ）に襲われてしまったのだ。

その傷は回復し、心も折れてはいなかった。今、生後2週間のサモエドの子犬たちが間もなく日光浴を始める。頼んだよ、ゴン吉。

焦げパン祭り

私の友人・知人たちは、かなり前からわが家で繰り広げられる〝焦げパン祭り〟を楽しみにしている。先日も、ムツゴロウ王国を東京で展開していたときに知り合った人から電話があった。

「あのにぎやかな焦げパン祭りはどうなってますか？　今でも1年に1回くらいは開かれてるんですよね……？」

「焦げパン祭り」とは何かと言うと、柴犬の子犬が生まれて成長していく数か月間のことだ。今となってはいつからかはわからないが、誰からともなくそう呼ぶようになった。わが家の柴犬は代々茶色（赤）なので、産声を上げる子犬もほとんどが茶。生まれた直後は羊水で濡れて真っ黒に見えるが、やがて乾くと濃い茶色、それが日を重ねるごとに薄くなり、おいしそうな焼き色のパンのようになっていく。だから焦げパン、

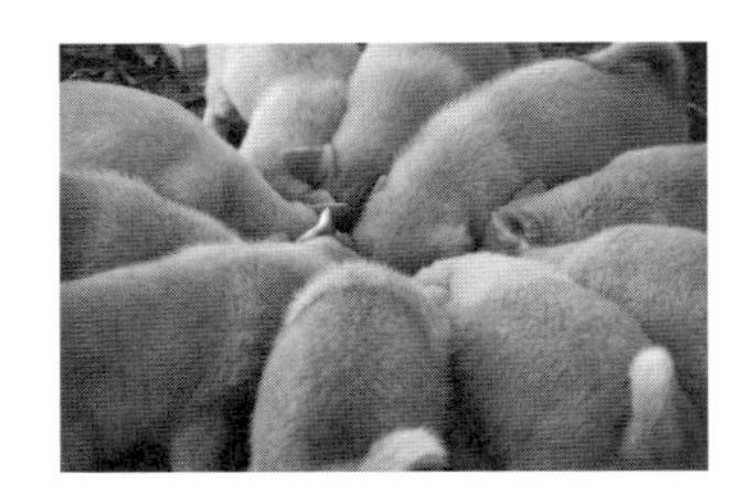

なのだ。まれにオーブンのタイマー設定を間違えたような濃いめの焦げ茶の犬もいるが、これは成犬になっても背中や鼻先が黒に近い茶になると予想できる。

「いやー、北海道に戻ってからも何度か柴犬のお産はあったんですけど、8代目のハコが子宮の切除手術をしたので、ここ何年かお祭りは開かれてません。寂しいんですよ、私も」

「それは残念だなあ。うちの犬も10歳を超えたので、そろそろ若い子を入れて元気を復活させようと思ってたんです。それなら石川さんのとこの柴っ子がいいかなーと女房と話してたんですけどね」

「そうでしたか……。こちらとしてもせっかく40年以上、母から娘と8代をつないで来たので、ハコで途絶えるのも残念なんですよ。旅立った先でハコのきょうだいの子が生まれそうなので、無事に誕生したら女の子を引き取ろうと思ってます。その子が9代目候補ですね」

9代目が加わって祭りが復活するのを楽しみにしてます、との友人の言葉でその電話は終わった。私は何としてもハコの跡継ぎを迎えなくてはと、当時改めて心に覚悟を刻んだものだ。

昔、柴犬のような日本犬のお産と育児をするときは、静かなところで家族以外の人やほかの犬との接触がないようにしなければいけないと思われてきた。なかには「知らない人が抱いた子犬は母犬が咬み殺してしまうこともある」と、恐ろしいことが書かれた本もあったほどだ。確かに、日本犬の特徴のひとつでもある「警戒心」を子犬に強く身につけさせるには、静寂や隔離は効果的なことだろう。

しかし、この20~30年で世の中は大きく変わってしまった。日本犬が番犬や狩猟犬としての仕事を求められることはほとんどなくなったのだ。重要なのは家庭犬としての資質であり、人間やほかの犬ともトラブルを起こさないような社交性を求められるようになった。

では、どのようにお産をさせ、その後の育児を行えば明るい柴っ子が育つのか。それに対する私の答えは「キツネに習え」だった。

私と女房は、若いころからキタキツネのレスキューを行ってきた。牧草地の拡幅工事で巣穴が壊されて母ギツネに見放された子、崖から落ちてケガをしていた子、時には交通事故で瀕死のキツネも運び込まれた。できる限りの手当てをし、子ギツネならばリハビリを兼ねて育て上げた上に、可能な個体は野に還してきた。しかし、片足を失ったり目が見えないなど、野生に戻れない子もいる。そんな子たちはわが家でカップルを作り、生まれた子ギツネが成長するのを待って旅立たせてきた。

その経験の積み重ねのなかで、どんな柴よりも臆病なキツネが、明るくにぎやかでみんなが手を出すところで育児をさせたり、リビングで女房が人工哺育で育てると、その子ギツネは人間に親しみを示す明るい個体になることが多いと結論した。要するに、ルールを決めない「いい加減」の石川家流が良かったのだろう。

4代目までの柴犬のお産と育児は、家の玄関でさせた。こうすれば郵便配達のおじさんや、わが家を訪ねてくれたすべてのお客さんに「かわいい」と声をかけられることになる。時には宗教の勧誘の女性に「子犬の飼い主になりませんか」と逆に勧誘して実ったこともあった。

お産と育児は、ほかの犬たちにとっても大きな関心事である。玄関を開け閉めするたびに彼らがすき間から顔を入れて覗き込み、それに対して母犬は初めのうちこそうなり声を上げるが、あまりに回数が多くなると、もうどうにでもなれ、どうぞ……と、これも「いい加減」になってくれる。

5代目からはわざわざ足を運ばなくても様子がわかるようにと、育児室はわが家のリビングになった。これを待ち望んでいたのが常時10匹は暮らしていた猫たちだった。

興味津々で育児箱を見に行き、やがて母犬が外に出ているときに子犬が鳴くと、箱に入って寄り添い、なめてやり、ともに寝てくれるという保育士のような猫が出現した。子犬たちは目が開いた瞬間から「猫という生き物」の存在を知る。わんぱくになって乱暴をするとすかさず猫パンチをお見舞いされるものだから、怖さを知ることで猫に敬意を示すことができるようになった。こうして成長した子は先住猫がいる家庭に迎えられると、飼い主さんに喜ばれた。最初から仲良くできました、と……。

厳しいルールやシステムなどとは無縁のわが家の柴の子犬たちの成長、これがまさに〝焦げパン祭り〟であり、その様子を目にした人は、子犬たちにつられるように笑顔になり、自然と手が伸びていく。これまた子犬たちには、知らない人間のやさしさを知る学習となり一石二鳥なのだ。心の奥で「助かるなあ」と私はそっとつぶやき、「どうぞどうぞ遊んでやってください」と笑顔でお客さんに話すことになるのだった。

犬たちと生きた猫

数年前、リビングの床にふとんを敷いて添い寝をしていた女房の枕元で、静かに17年の生を終えた猫がいる。名前はニャンコロベー、長いので少し縮めてニャンコロと呼ばれていたキジトラ柄のオス猫だった。呼吸を終え、それまでゆっくり膨らんでいた腹部の動きは消えた。同居の猫たちも異変に気付いたのか、みんなが近寄って見つめていた。

ニャンコロは若いころに名前をもうひとつ持っており、それは出自を象徴するようなネーミングだった。1998年の初夏、林に囲まれたバーベキュー場に1匹の猫が捨てられていた。生後2か月までは経っていないようで、使い終わった油をためてあった大きなブリキ缶の中で固まりかけた油をなめていたのだろうか、汚れたひげで私たちを見上げた。体からは焼き肉の臭い、毛は油でべとべとしていた。

「またここで子猫を見つけるなんて、おかしいよねー」

仲間がそう言うのも無理はない。その数か月前にまったく同じ状況でキジトラ柄のメスの子猫を保護していたのだ。シャンプーをしてもなかなか油の臭いが取れず、仲間内でも飼うと手を上げる者がいなかった。必然的にその子はアブラと名前が付き、わが家で暮らすことに。

「この子も石川家に決定。アブラ姉ちゃんがいるから遊んでもらえるし……」ということでオス猫も私の懐に入り、名前はアブラ２（ツー）となった。しかし、アブラとアブラツーでは人間も猫自身も混乱してしまう。いつの間にかツーのほうは女房の呼ぶ愛称・ニャンコロベーに改名されていた。


バーベキューに使われた油をなめて生き延びていた幸運な2匹は、成長とともに思いがけない才能を見せ始めた。それは犬たちを怖がらないことだった。堂々としていれば犬たちも認めるので、犬たちが追いかけるターゲットにはされず、同じ空間でともに暮らす仲間として受け入れられていた。

当時、わが家の犬たちは庭の犬小屋などを中心にほとんどが戸外で暮らしていた。さらにニャンコロたちは猫付き合いが苦手で、室内にたくさんいた同類よりも犬が好

きだった。猫だらけの室内よりも庭で過ごす時間が長くなり、やがて夜も車庫や犬小屋で過ごすようになった。真冬、吹雪やマイナス20℃の夜も、車庫や小屋の中でふわふわの冬毛の犬たちの懐にぬくもりと安心を得ていたのだろう。

戸外が好きだったのは、彼らの狩りの本能によるところもあったかもしれない。しっぽがすらりと長いアブラは小鳥獲りの名人で、かたや申し訳程度の長さのニャンコロは樹上の狩りは苦手でもっぱら大地専門、ネズミや昆虫をくわえては車庫に併設した動物用の台所に運んで来ていた。時にはアブラとニャンコロが互いの獲物を台の上に置き、むしゃむしゃと宴会を開いていることもあった。母猫が補食を教える前に捨てられたことを考えると、2匹の才能は猫として本能的なものだったのだろう。

拾われた家で、好きな犬たちに囲まれて自由奔放な暮らしができている。その恩返しのような行動を2匹が見せ始めたのは2歳になってからだった。

そのころ、犬たちが産気づくと玄関に設置した産箱（育児箱）に母犬を収容していた。やがて産声が上がるわけだが、子犬たちはしばらく玄関で成長し、宅配便や郵便配達の人をはじめとした来客に子犬たちはなでられ、声をかけられて人間というものを学んでいた。

雪のない時期なら生後3週間ほど、真冬でも快晴なら生後5週間ほどで大きな箱などに入れて玄関先で子犬たちの日光浴をさせていた。

「お父さん、見て、見て！　アブラたちが入ってる」

女房の大きな声に駆け付けると、子犬たちが集まってまぶしそうに周囲を見ているところに、ちょこんとアブラとニャンコロがお邪魔していた。それは毎日のことになり、やがて子犬をなめ、一緒に団子になって眠ることもあった。

「まるで保育士みたいだね。決して手荒にせず、上手に面倒を見ている」

その保育士精神が真の意味で発揮されたのは、さらに数週間後、子犬たちが箱から出て庭で活発に遊び始めた時期だった。わんぱくな子犬がニャンコロたちをターゲットに襲うと、しばらくは辛抱。それでもやめずに子犬が細く鋭い乳歯を当ててくると
「パーン！」と猫パンチが子犬の鼻の頭に飛んだ。

「キャンキャンキャンキャン！」

これを何度か繰り返すと、どんな子犬でも「猫＝強くて怖い」の公式を理解する。ニャンコロとアブラは、猫界から派遣された子犬の保育士であり、子犬たちに猫へ敬意を持つよう教える役割を果たしてくれたに違いない。

「おかげさまでいただいた子犬は、先住猫を襲いません。それどころか猫が近付くと

食器を譲ってしまうんですよ……」

そんなうれしい便りをいただくようになり、私と女房はますますニャンコロたちへの期待を込め、保育士をしている時期は特別においしいものを「ギャラだよ」とあげることにしていた。

やがて数年後、姉のような役割を果たしていたアブラが死んだ。残されたニャンコロは以前ほど出歩かなくなったが、それでも子犬の声と姿を見ると、寄り添って猫というものを教えていた。おそらく一生のあいだに、彼は数百の子犬にふれただろう。

わが家に残った犬たちとは、つねに親友の関係だった。そして不思議なことに、その犬たちが病を得て死を迎えると、静かに寄り添うニャンコロの姿があった。レオンベルガーのエルザの最期にも、動かぬエルザから離れようとしないニャンコロの姿が……。

〝おくりびと〟ならぬ〝おくりねこ〟だったニャンコロに、私は「ありがとう、グッバイ！」と犬たちからの感謝を込めて、別れを告げたのだった。

ハコからココへ

残念ながら、獣医師の診断は私の予想とピタリと一致した。食欲不振が始まって3日目、もともとハムのようなぽっちゃりした体つきだった柴犬のハコのおなかがさらに張り始め、やたらと水を飲むようになった。散歩のときにはオス犬たちが寄って来て、ハコの尻を嗅ぐようになった。ハコ自身も陰部をなめるしぐさを見せていた。何頭も経験しているが、こうなると子宮の炎症（主として子宮蓄膿症）の可能性が高い。そう思い焦る気持ちで夜を過ごした後、土曜の朝一番にハコを車に乗せて動物病院に走ったのだった。

「子宮蓄膿症ですね。この太さですので、かなり膿が溜まっています。すぐにでも破れる可能性があるので、大至急手術しましょう」

何度も妊娠検査で世話になったエコーのモニターには、胎児以外の物体（直径7cm

ほどに腫れた子宮）が映し出されていた。診察台の上で、ハコは神妙に自分の運命にかかわる会話を聞いていた。首に添えていた私の手に、ときどきハコの震えが伝わってきた。

「やっぱりハコは子宮蓄膿症だった。これから切除手術をしてもらう。跡継ぎ計画は……だめになっちゃったな」

動物病院から、女房に電話をした。勤めに出ていたが、結果をすぐに知りたいからいつでもかけてと言われていたのだ。

ハコはメスの柴犬でつないできた、わが家の柴犬一族の8代目だった。２００７年、東京都あきる野市で7代目のチャチャを母として生まれ、幼いころにみんなで北海道に移住して来た。名付け親は女房で、さんざん夫婦で悩んだ末に「8代目になるんだから『八の子』、ハコでいいんじゃない！」で決定となった。

２０１０年にハコは初めてのお産をした。産声を上げたのはオス2頭、メス3頭の計5頭。みんな元気に育ち、待ち望んでくれていた家族のもとへそれぞれ旅立った。しかし、2度目のお産はなかなか実現しなかった。結婚を済ませ、腹も膨らんだと思って検査をしてもらうと、「残念、偽妊娠（想像妊娠）ですね」と告げられたことも。

ようやく2回目の出産にこぎつけたのは2012年暮れのことだった。メスの子犬を跡継ぎとして残そうと期待していた私たちは、子犬がオスだけだったことにちょっとがっかりしつつも次に期待をつないだ。

ところが、3回目のお産・育児はさらになかなか実現しなかった。母性は十分に強く、サモエドの子犬が生まれてその辺をうろうろし始めると、やさしい瞳で見つめ、時には遊んでやっていた。

「ねえ、ハコ。お前ももう1回産んでよ、かわいい跡継ぎを残そうよ……」

その望みは、今回の無念の病で消えてしまった。これも運命と思いながら、わが家から旅立ったハコの子、ハコの姉妹でお産をする犬はいないかと飼い主のみなさんに聞いてみた。むやみに子犬を産ませるようなことのないこの時代である。私自身も子犬をお渡しするときには「できれば、不妊・去勢手術をされたほうがいいと思います。人も犬もストレスなしに、生殖器系の病気の不安もなく過ごせますよ」と伝えていた。

女房と「血のつながった子で柴一族を続けるのはあきらめようか……」と話し始めたところに、知らせが入った。

「四季がお父ちゃんになりました。あと少しで生まれます！」

四季は7代目のチャチャの息子で、ハコの弟に当たる柴だ。今は東京で暮らしてい

る。

「わっ、もし女の子が誕生したら、実家の9代目にお譲り願えませんか？　ハコの姪っ子、血がつながります！」


そして2015年のクリスマス、サンタさんのプレゼントのような焦げ茶の柴っ子が雪の大地へやって来た。迎えたのは伯母ちゃんのハコだけではなく、その笑顔と性格で「クリスマス犬」と呼ばれているサモエドたちだった。

「ねえ、名前はココでいいよね。9代目、9つ目だからココ！」

今回も女房が名前を決めた。代々の柴たちの名前はアラレ、ツララ、シグレ、ミゾレ、シバレなど、暮らしている北の大地の気象に関するものを私が当てはめていたが、それもネタが尽きていた。ココは呼びやすいので、私にも異論はなかった。

ココの生まれた東京・八王子のHさんの家には同居猫もいたからだろうか。リビングでわが家の猫たちに取り囲まれても、特別な反応はしなかった。やって来て数日後、日中はミニチュア・シュナウザーのシュナジ保育士に預けた。先生と一緒に、サークルの中でわが家の犬たちの動きを見せる目的だった。

ココには勝ち気なところがあった。「誰だ、誰だ、この新入りは……」と柵に寄って来る犬たちに猛烈に吠え、柵を細い乳歯で噛んでいた。「おっ、なかなかだねー」と私は笑い、こんな場合の教育の場である広いサークルで大勢の成犬たちに囲まれる「虎の穴」作戦をとった。

まるで動きはゴムまりのよう。弾みながらココは吠えまくった。しかし多勢に無勢、おまけに子犬だからと遠慮するような犬はわが家にはいない。たちまち取り囲まれ、ココも自然と身を伏せ、腹を見せて恭順を示すようになった。

わが家の犬世界のルールを覚えて、まもなく1歳になるココは、完璧に石川家柴犬族の一員になった。しかし、ひとつだけ私の思惑が外れたことがある。それはココの体の大きさである。お客さんに「あら、珍しい。石川さんちにも〝豆柴〟がいるんですねー」といわれるほどの小柄なサイズである。胴は長いほうだが、代々の柴たちが軽くても12kgを超えていたのに比べ、まだココはその半分にも満たない。

「ココ、たくさん食べるけど、大きくならないし太らないね。お前は動きすぎだよ！」

私はそう言って、ポケットからおやつを取り出し、えこひいき的に9代目にあげている。ハコ伯母ちゃんは、「どうせ私はもらえないよね」と視線を送りはするが、身動きせずに秋の陽に身をさらして日光浴を続けている。

連休の訪問者

わが家の2018年のゴールデンウイークは、3月に産声を上げたサモエド・アンラの子犬たちが主役のはずだった。生後1か月を過ぎ、動きも活発になってきたので、室内から庭の広いサークル（保育園）に出して日光浴や泥んこ遊びをさせていた。もちろん、子犬だけでは保育園の意味はない。必ず保育士と名付けた成犬を同じ囲いに入れて、群れ型の生物としての社会勉強の場にしている。

2度目のお産で誕生したアンラっ子は、オスばかり4頭の兄弟だった。前回は7頭だったので、8個の乳首がほぼ同時に吸われていた。しかし、今回は1頭につき2個の配分、おまけに母親は2度目のお産なのでミルクの出も良い。その結果、4頭の体重増加スピードは前回の子犬たちより1週間以上早いペースになっていた。

「何の心配もいらないね」

そう女房と話しながらせっせと離乳食を用意し、見事なカリントウ型ウンコを拾い集めるゴールデンウイーク前半だったのだ。

暦が5月に変わると、SNSに友人からメッセージが入った。「子ギツネを保護した友人の知り合いがいるのですが、困っているようです。石川さんに相談の連絡をしていいですか」との内容、すぐにどうぞと返信をすると、70㎞ほど離れた町から電話がかかった。

「小6の息子が高校の前でカラスに襲われていた黒くて小さな生きものを保護して……。子犬だと思って助けて家に連れて来たんです。子犬にしてはちょっと変だなと思ったんですが、ケガをしていたので動物病院へ連れて行きました」

お母さんは順を追って私に説明してくれた。行った動物病院の獣医さんの言葉は、「これは子ギツネですよ！」。お母さんも動物病院に行く前に図鑑で調べてみたところ、子ギツネの可能性が大のような気がしていたという。しかし、手のひらに乗る小さな黒毛の姿に確証はなかったらしい。

「とにかく先生に診てもらった後、家に連れて戻り、どうすべきか野生動物に詳しい人に聞いてみました。友人の友人から石川さんの名前が出ました。了解をいただき、それでこの電話をかけさせてもらったんです」

30～40年前の私なら、「すぐに連れて来てください。野の命は無条件でケアしますので」と返事をしていたかもしれないが、わが家で子ギツネをレスキューしたのは17年前が最後で、その子も一昨年、キツネとしてはギネス級の長寿で亡くなっていた。

食と安全な住まいを用意して成長を見守り、リハビリをして自分で生きる力のある子は秋に野に還し、足を1本失っていたり盲目の場合は保護舎で生活させていた。しかし、これは緊急の野戦病院のようなもの。その後、野生動物保護の意識も高まり、公的な施設や救済システムが出来上がっている。

「まずは役所の動物保護を担当する部署に相談してみてください。具体的なことを指示してくれると思います」

その子ギツネの保護された経緯を意識しつつ、そう少年のお母さんに伝えた。


その翌日、お母さんから再び連絡が入った。

「町役場も道の役所も『保護したところにすぐに返すように』と言うだけでした。キツネは動物園にも保護施設にも入れてないそうです。返せっていうことは、車にはねられなさい、カラスのエサになりなさいってことですよね、こんなに小さな子ですから……」

お母さんの声には、怒りと嘆きと途方に暮れた気持ちが含まれていた。

「そうですか、わかりました。今日はもう遅いので明日、私が役所と話してみます。あと1日、時間をください。それまで世話をよろしくお願いします」

「あっ、よく食べるんですよ、犬用缶詰を。皿に入れたミルクもなめてます」

このような問題のときは、電話で済ませるよりも実際に対面して熱意を持って訴えるほうが理解してもらえる。翌日、私は70㎞の道のりを車を飛ばして根室の道庁支所に向かった。担当の男性は事情を理解してくれた。そして、子ギツネを保護した場所は別の役所の管轄エリアなので、そちらに確認を取ってほしいと言った。

駐車場の車に戻り、まずは電話でアポイントをと、私は紹介された役所にかけてみた。するとすると……だった。

「石川さんのところならたくさんの動物のレスキューや保護、リハビリをされてますよね。以前、テレビで見たことがあります。経験も施設もあると思うので、この子ギツネの飼養届（不思議なことに厳密には「捕獲届」）を受理できます。かわいそうな子ギツネを育ててやってください」

小6の少年のやさしさを強調した私の説明に、役所の担当者は「少年の想いは、私たちも大切にしたいので」と答えてくれた。

そしてゴールデンウイークの後半、わが家のリビングには生後3～4週間とおぼしきオスの子ギツネがいた。連れて来てくれた家族のなかに、もちろん子ギツネの命の恩人である少年もいた。体をチェックしてみると、頭の上に数か所あった傷が化膿し始めており、さらに尾は2／3あたりのところでちぎれていた。大げさではなく、あと数分助けが遅かったらカラスの餌食になっていただろう。

「助けてくれて本当にありがとう。おじさんはこれまで何十匹とキツネを保護してるから安心して。しっかり育てるから会いに来てね」

そう声をかけると、少年ははにかみながら子ギツネを抱いて別れを告げていた。

子ギツネを救った少年と家族からSNSを通して友人から友人、そして私に届いた願いが横の糸なら、良い方向を一緒に考えてくれた役所の担当者は縦の糸に思える。

わが家に来て間もなく1か月。どんどん黒毛が退き、キツネらしい黄金色が体の表面を覆ってきた。同居している猫を理解し、元気盛りのアンラの子犬と鼻を突き合わせる子ギツネの明るい異種交流を眺めていると、私の頭の中で『糸』という歌が、あの女性歌手の容貌に似合わない力強く太い歌声が響き始め、つい和してしまう。

すばらしい縁の糸の布は、確実に織られているのだ。

Chapter

3

保育士犬と
ふるさとの香り

守り育てる犬

「そろそろかな……」

庭に常設してある保育園のスペースで、兄弟姉妹で元気に転げ回っているサモエドの子犬を眺めながら、私はそうつぶやいた。エニセイの3度目のお産で産声を上げた8頭も、すでに生後1か月半。モフモフになってきた毛が、初冬の乾いた斜光に輝いている。

「おーい、ハコ。待たせたね、入っていいよ！」

まず、自身も2回出産と育児を経験している柴犬のハコを呼んだ。ふだんからハコは、散歩のときに必ず白い子犬のサークルで足を止めていた。その瞳には「子犬をかわいがりたい」と書かれていた。

呼ばれたハコは、喜びで尾を振りながら中に入った。数頭の子犬が近付き、ハコの

腹を探った。

「出ないよオッパイは。お母ちゃんじゃなくて保母さんだよ」

ハコは子犬の尻を嗅ぎ、そして顔をなめている。これで初対面のあいさつは終了、サークルの中をウロウロして場所の確認をする。その後を8頭が付いて回っている。

息子がオスの柴を連れて来た。ハコの叔父にあたるラッキーだった。

「よしっ、ラッキーも入れよう。出入り口を開けると子犬が出そうだから、抱いて柵の上から入れて」

抱え上げられたラッキーが下ろされるとき、柵際に近付いていた子犬を踏んだ。キャン！

「ごめん、ごめん。17kgは重たいよね、大丈夫?」

わが家の柴族で当時歴代最重量を維持していたラッキーは、幼いときに交通事故で腰の骨を複雑骨折している。その影響が残り、激しい動きはできないので、犬の保育所では〝添い寝をしてくれるやさしいおじさん〟として子犬たちに人気が高かった。

今回のエニセイの子たちにも、ゆっくりした動きで接し始めた。

突然、保育所サークルから少し離れたところで犬が吠えた。小屋につながれていた柴のゴン吉だった。

「あははは、お前のこと忘れてた。そうだよね、入りたいよね。いつもサークルの見張りをしてたんだから……」

そう、ゴン吉は子犬たちがリビングから出て日光浴をしているあいだ、つねに柵の横で見張りをしてくれていた。ときどき、金網越しに鼻を合わせてあいさつも。

サークルに入れられ保育士の仲間になったゴン吉は、姪のハコとのあいさつを済ませると忙しげに子犬をぬってスラロームを始めた。どうして良いのかわからずに、キョトンとしていた子犬のなかから、勇気を振るう者が出てきた。なんとかゴン吉を追いかけようと短い足で駆け始めたのだ。

楽しさは伝染する。かろうじて巻いている尾を細かく揺らしながら、追いかけっこに参加をする子犬が増え、やがてみんなが中央の小屋を核にぐるぐる回り始めた。その様子をハコは笑顔で見ていた。ラッキーは乾いたすのこ板の上に腰を下ろし、居眠りを始めていた。

子犬たちが産声を上げてすくすくと成長している時期に、母親以外の犬との接触が重要と気付いたのはいつだったろうか……。おそらく40年は経っているだろう。いわゆる保育士犬、年齢も体の大きさも、そして姿も大きく異なるさまざまな犬種と接触することで、その子犬は明らかに犬付き合いが上手になっていく。母犬しか知らずに子犬が新しい家に旅立ってしまうと、散歩のときに出会う犬に極端なおびえを示し、時には攻撃に出てしまうことがあるという話を聞いていた。それを保育士犬との楽しい時間である程度防ぐことができるのだ。

そして何より、子犬たちと保育士役の犬がからみ合うのを見ているのは楽しい。母犬が全身を子犬に与えるのは離乳の時期までである。その後は乳首の拒絶から始まり、可能ならばわが子から距離を取ろうとする。その理由は明白だ。「子別れ」、それはすべての生き物が本質的に備える禁忌、つまり近親婚を防ぐためのせつなくて正しい決まりごとだ。

今回のエニセイも、8頭の子犬が離乳食をもりもり食べるようになった生後35日ごろから、みずから子犬に近付いて授乳するのは日に4回程度になっていた。子犬の悲鳴が聞こえれば駆け付けるが、そうでなければ遠巻きに眺めている。

だからこそ保育士なのである。彼らはゴン吉のように心と体をたっぷり使って遊んでくれる。ハコのようにやさしくなめて落ち着きをもたらしてくれる。ラッキーのように寒ければカイロの役割と夢を共有してくれる……。

サモエドの子犬8頭と柴犬の保育士3頭でにぎやかな保育所サークルに向かって、

わが家の犬たちの知らない黒い車が近付いて来た。最初に気付いたのはラッキーだった。起き上がり、耳を立てて小さな声を出した。それに連動してハコが凝視し、ゴン吉が動きを止めてワンと警戒の鳴き声を出した。

子犬たちは、まだ何が起きているか理解できない。うろうろと3頭の保育士のあいだを行ったり来たりしていた。

車から降りてきた友人に私があいさつをすると、そこでピタリと柴犬たちの警戒態勢は終わり、今度は「おじさん、おみやげないの?」という瞳になってしまった。金網に伸びた友人の手に、8頭の園児までが何かもらえるかと集まって来た。

「隔てのない母性」と「横にいる安心」、そして「家族(仲間)を守る心」に優れた柴犬は最高の保育士だ。わが家の犬の保育園では、まもなく白い園児と茶の保育士が笑顔になっての雪遊びが見られるだろう。

任せるよ、子犬たちを

「すみません、この子はミックスですよね、何と何を掛け合わせたんですか？」

同じ質問を何度受けただろう。お客さんの瞳の先には、黒いもじゃもじゃの毛で全身を覆われた小柄な犬。しっぽらしき毛のまとまりの揺れるような動きから、うれしそうにお客さんを見上げているようだが、垂れた前髪で目は見つからない。

「はいっ、ミックスに見えますが、じつはミニチュア・シュナウザーなんです。生まれてから一度もトリミングやカットをしてないんですよ」

「えっ、シュナウザー⁉　ずいぶん大きいですよね！」

「ちなみに名前はシュナジです。子犬のころからきょうだいでいちばん大きなオスで、それが影響したのか飼い主さんが見つかりませんでした」

「確かに長い眉とあご周りの毛の曲がり方がシュナウザーですね。でも、この姿では本犬も嫌がっているんじゃないですか？」

犬をある程度知っている人なのだろう。いわゆる一般的なシュナウザーと比べてのギャップを感じ、心配してくれた。

「いいえ、シュナジは、というか犬たちは、けっして自分とほかの犬を姿かたちで比較していません。それは同種間だけではなく、たとえばチワワとセント・バーナードであっても、対等に犬として付き合うことからもわかります。日々暮らすことと外見はあまり関係ないようです」

そんな話を続けているあいだも、シュナジは尻を振り、とうとう前足をお客さんのズボンにかけてしまった。

「わっ、かわいい！　ほらっ、お前の目はどんなかなー。つぶらな目じゃないの、出してないなんてもったいないよ！」

両手で前髪（のような部分の毛）を分け、一心に見つめる瞳を見つけた女性は、抱き上げる勢いでシュナジをなで回していた。

シュナジは２００５年の暮れに、北海道の友人の家で誕生した。１回目のワクチンが終わった時期に、ほかのきょうだい２頭とともに、当時は東京・西多摩で展開していた動物王国の「石川百友坊」にやって来た。しばらくはほかの子犬たちとともに保育所で成犬たちの指導を受け、犬としての社会性を身につけながら新しい縁を待っていた。

しかし、柴犬やラブラドール・レトリーバー、ウエスティー、ポメラニアン、そしてきょうだいの2頭を含めた子犬たちが、無事に新しい飼い主さんが見つかって関東のあちらこちらに旅立って行ったのに、シュナジにだけは声がかからなかった。暴れん坊だったわけでも、極端にシャイだったわけでもない。シュナとしては少しだけ体が大きく、（胸に小さな白毛の部分があるが）ほとんど全身が黒い毛で覆われていたのも敬遠された理由かもしれない。

今だから言えることだろうが、「あのとき、誰もシュナジを選んでくれなくて本当によかった……」と私は安堵している。手元に残すことに決めた日から、シュナジは私たちの想像をはるかに超える活躍をしてくれているのだから。

それはまず、ドッグランでのインストラクター役から始まった。2004年から2007年まで私たちが運営していたドッグランは、知識経験の豊富な人間のインストラクターに加えて、大小さまざまなサイズのインストラクター犬が常駐していた。彼らは初めてランに来た犬には遊びをリードし、ほかの犬が怖い犬や攻撃してしまう犬などには穏やかに、そして時には犬としての社会的なルールを教える役割を担ってくれていた。

最初はシュナジにいろいろな体験、とくに初対面の犬たちと交流させる目的で、主任インストラクターのA氏がランに連れて行った。たしか生後4か月のころだったろうか。シュナジはどんな大きな犬が来ても臆することなく付き合い、そしてにぎやかに吠える小型犬にはさまざまな動きで遊びを促してくれた。

「石川さん、シュナジはすばらしいインストラクターですよ。どんなに吠えられても襲われても上手にかわして、いつの間にか自分のペースに持っていく才能があります」

以来、ランの中央で全体を見回しているA氏の同伴犬は、シュナジと、これまた名インストラクター犬として名高いセンタロウ（ラブラドール・レトリーバー）が務めることとなった。シュナジが相手をしたことで、怖がりだった愛犬がほかの犬と上手に付き合えるようになったと、大勢の飼い主さんから感謝の言葉をいただいた。お礼として、シュナジはおいしいジャーキーを何袋もゲットしていたようだ。

当時、私の犬は40頭ほどいたので、毎年かなりの数のお産があった。生まれた柴犬、サモエド、ラブラドールなどの子犬たちは、生後1か月を過ぎたころから戸外のサークルで日光浴を始める。複数犬種の子犬が混ざり合っての雑居となることもあり、私たちはそこを〝日だまり保育園〟と呼んでいた。子犬用なのでサークルの背は低く、周囲をうろついている成犬だけではなく、猫たちも好んで中に入っては子犬たちをからかっていた。こうすることで、子犬たちの心と体の免疫力を高くする効果もあったのだ。

もちろんシュナジも、好んでサークルに入った。もともと保育園で育ったのだから、中での遊び方も心得たもの。子犬たちには良き兄として、遊び、押さえ込み、そして一緒に寝ていた。

これは２００７年の暮れに北海道に引っ越してからも続いている。緑の大地、紅葉の林、そして厳しい寒さの冬も、わが家の子犬保育園には必ずシュナジの姿がある。雪が降り積もって柵が低くなると、ほかの保育士犬だけではなく、元気者の子犬も保育園から脱走してしまうが、律儀なシュナジだけはひとりでも必ず保育園を守っている。

「シュナジ、お前はヨシと言わない限り、絶対に仕事を放棄しないんだね。ほらっ、みんながいないうちにえこひいき、特別にギャラをあげる。このササミジャーキー、おいしいよ」

もともとのネズミ獲りはとうにお役御免、現代ではほとんどのシュナが愛玩とちょっぴりの番犬という役割をこなしつつ暮らしているのだろう。しかし、わがシュナジは「よく犬を知る子犬」を育てるために日々を過ごしている。子犬たちを初めてリビングから外に出したときには、期待を込めて私を見つめてくるという、まさに優秀な保育士犬だ。

「さあ、次の子犬が生まれたらまたお前に仕事を頼むよ。今度はサモエドのバイカの子犬たちだ、よろしくね！」

「売れ残りですね」と言われたこともあるシュナジだが、私にはそれもすばらしい縁だったと確信し、日々感謝している。

犬にも実家はある

「明日、ドゥープを連れて行っていいですか？　知床に用事があるのでついでに里帰りを……」

60kmほど離れた北海道浜中町に住むSさんからの電話に、もちろん「どうぞどうぞ」と返事をして庭に出た。ドゥープはわが家のサモエド・バイカの8か月になる息子だ。同胎のメス・アンラは、母の跡継ぎとしてそのまま産声を上げたわが家で暮らしている。

「アンラ、明日ドゥープが来るよ。またプロレスごっこができるね」

遊ぼ遊ぼ、と泥足で飛び付いてくるアンラにそう告げると、敏感にドゥープの名前に反応し、一瞬、表道のほうを見回した。

犬を多頭で飼っていると、彼らは自分の名前はもちろん、ほかの仲間がどう呼ばれているかも理解し、時に張り合い、時にヤキモチを示すようになる。きょうだいで唯一本州に行かず、近在で暮らしているドゥープは何度も里帰りをしているので、アンラも確実に名前を記憶している。

「今日じゃないよ、明日、明日。雨が降らなきゃいいね」

そして当日、希少な存在になってしまったシマフクロウの保護活動に携わるSさんの大きな四駆の車が姿を現すと、わが家の犬たちは一斉に歓迎の叫び声をあげた。とくにアンラは、これから起きる楽しい時間に心も体も弾け、高さ1・2mのサークルのフェンスを飛び越えそうな勢いだった。

「おはようございます。これからリサーチに行って来ますので、午後3時ごろには戻れると思います。ドゥープをよろしくお願いします」

Sさんのあいさつが終わらないうちから、ドゥープのテンションは急上昇、フェンス越しにアンラと鼻を合わせ、そして何とか侵入しようとジャンプを繰り返していた。

「こいつ、昨日の夜からこの状態だったんですよ。明日、中標津に連れて行ってアンラと遊ばせよう、なんて女房と話してたのが聞こえちゃったんですね。もう、見事に反応してました。今朝は起きてから車のそばを離れず、乗ってからもうきうき。あと1㎞まで近付くと、フロントガラスに顔をくっつけるようにして前を見てたくらいで

す」
そう、犬たちは飼い主家族の会話をじつによく理解している。もう30年以上前のことだが、「明日、狂犬病のワクチン注射だね」と犬たちの前で仲間と話していたところ、翌日、捨て犬出身のカール、ノラ、ミミシロの3きょうだいが姿を消していたことがあった。あちこち探し回ったところ、彼らが隠れていたのはウサギ小屋の床下。震え

ている3頭を引っ張り出して、どうにかこうにか予防接種を終えたことがあった。以後、注射と言う単語は禁止になり、必要があれば私たちはワクチンを打ってくれる獣医さんの名字を使って話をするようにした。まさに苦肉の策の〝隠語〟だったのだ。

「さあ、ドゥープ、入れてやるよ。気の済むまでアンラと遊びな！」

ゲストサークルの中で、実家暮らしのアンラと里帰りのドゥープは取っ組み合い、深い毛を噛み合い、そして水を飲んでは再び追いかけ合う。それは延々と続き、保育士として同居させていた柴犬のゴン吉とラブラドール・レトリーバーのユニは、あきれて小屋の上と中に避難していた。

水を飲むだけではクールダウンが追いつかず、やがて水おけに前足を入れて手前にかき出し、自分の体に水をかけ始めた。濡れた毛でプロレスごっこを続けるので、白い毛は見事な泥色。〝茶モエド〟の出来上がりだ。まあ、Sさんも予測の上だろうと判断し、私は笑顔で見守り続けた。

生後3か月ほどでSさんの家に行ってから、ドゥープが里帰りをしてくれたのは今回で6回目になる。日々確実に成長する誕生後の1年を、定期的に見て骨格や肉付きをさわって確認できるのは私にもうれしいことだった。ああ、大丈夫、健康面に問題てきているね……と。

はないね。そして、心の成長具合もよくわかる。穏やかに、そして男らしい魂を備えてきているね……と。

3時間後、少し太り気味のアンラに疲れの様子が見えたので、助っ人に母親のバイカを参戦させた。ゲストサークルの出入り口を開放して2頭を庭に出し、お母ちゃんをフリーにすると、まずは体の隅々までニオイを嗅いで確認、その後、バイカの〝子ども転がし〟が始まった。これがまたドゥープたちには楽しい遊びなのだ。緑が見え始めた大地の上で、それはやがて誰かを追いかけるターゲット遊びに発展した。この擬似的な狩りとも言える遊びは、心躍る本質的な犬のゲーム。幼いころからほかの犬の存在と付き合い方を知っている犬たちには抑えきれない喜びだろう。

ドゥープもアンラも、そしてバイカ母ちゃんも跳ね続けているあいだ、脳性マヒのタッチ（P181～）は自分専用のサークルの中で、ずーっと鼻声を出し続けていた。「ぼくも遊びたいよー、ぼくだってきょうだいだよー」と言ってるかのように。そう、タッチはアンラたちの1歳上の兄だった。運動機能の調整がうまくいかないので、ほかの犬との絡み合いは避けていたが、「えーい、今日はお祭りだ！」と参加させてみた。

タッチは駆け寄った。ドゥープに対してあごを乗せて〝偉そうポーズ〟を取り、明らかにゲスト犬と認識して自分が年上だと示そうとしている。体に不自由はあるけれど、魂は健やかなタッチだった。

母親が暮らす実家に、生まれ育った子が里帰り。産声を上げ、そして成長した環境の空気を嗅ぎ、雰囲気を思い出し、そして今を楽しむ。このような経験と展開は、確実に犬たちの心の豊かさにつながる。

里帰りをしてきた犬の様子をたくさん眺め続け、私はそう思うようになった。可能であれば、ぜひとも多くの飼い主さんたちが、自分の愛犬にそれぞれの故郷への里帰りの機会を与えてあげてほしい。私は心からそう願っている。

子犬を見守る１

きっかけは、２０１５年に行われた隣町でのイベント会場での出会いだった。北海道の旬の食べ物が並んでいる出店の前で声をかけられたのだ。

「石川さんですよね。いやあ、ここで会えるなんてうれしいです！」

以前、ムツゴロウ動物王国のテレビ番組を欠かさずに見てました、と笑顔で話す新調のアウトドア衣装で身を整えたご夫婦。私よりは確実に若く、50代に思えた。

「今はホームページやＳＮＳで石川さんと動物たちの様子を拝見してます。変わらずたくさんの犬や猫たちと暮らしてるのを見ると、何だかうれしくて、毎日楽しみにしているんですよ」

店先で立ち話をしていては、ほかのお客さんの邪魔になる。私たちは鮭汁鍋の丼とノンアルコールビールの缶を慎重に抱えて仮設のテーブルに移動し、並べられた椅子に腰を下ろした。懐かしい動物たちの名前が次から次へと出てきて宴の肴となり、楽しい会話が続いた。

しばらくして、それまでほとんど会話には加わらず、笑顔で聞き役を務めていた奥さんがご主人の袖をつついて口を開いた。

「ねえ、せっかくだから石川さんに聞いてみたら、あのことを」

「そうだそうだ。石川さん、じつはわが家で……」

そしてご主人の口から出てきた話は、犬のお産とその後の育児、それをどのように見守り世話をすると良いのか、といった内容だった。会社を早期退職し、この北の地への旅は〝お疲れさまの夫婦イベント〟で、しばらくのんびりした後に若いころからの夢だった犬の繁殖、できれば盲導犬や警察犬、介助犬の繁殖にチャレンジしたいのだと話してくれた。

「テレビ番組のなかで、王国生まれのラブラドールが盲導犬になった話があったでしょう。あれが頭に残ってるんです。子どものころは実家で犬がお産をしていたのですが、あっという間に大きくなってあっという間にみんなもらわれていっちゃったんで、子犬たちがどう変化していったのか、ほとんど覚えてないんです。たくさんの犬のお産を経験されている石川さんから、少しでもアドバイスをいただけたらうれしいんですが」

もう30年前になるだろうか、確かに私の手元から2頭の黒ラブの子が札幌にある盲導犬協会に巣立ったことがあった。1頭は健康面で問題があったために戻ってきたローラという犬で、王国で天寿をまっとうした。残りの1頭、レミィは試験に無事合格し、なんと隣の別海町で盲導犬として活躍していた。許可を得て会いに行き、使用者である奥さんと話をさせていただいた。奥さんが仲良しの友人宅で茶飲み話をしているあいだ、ハーネスを外されたレミィは、その家の犬と仲良く子犬のように弾けて遊んでいたのを覚えている。しかし、「帰るよ」と声をかけられ、ハーネスを着けられると瞳は凛とした。その差の大きな2種類の姿が、この犬種の仕事能力と明るさを証明しているようで、私はうれしかった。

そんな思い出を話しつつ、私はおふたりの強い覚悟を感じていた。幸い、子どもたちは早くに独立し、夫婦ふたりでの暮らしに経済的な問題はないらしい。「自分たちに残された時間がどれほどあるのかはわからないですが、最後のシナリオだけはお互いで納得できるものにしようと決めてます」と笑顔で宣言していた。

「わかりました。これまでもわが家で子犬が生まれると、ときどきホームページなどに成長の様子を載せてきましたが、次の機会には、毎日報告するようにします。間もなくサモエドのバイカが発情を迎えるはず。今回は交配の予定があるので、おそらく12月には出産すると思いますよ。産声からの日々を毎日更新しますので、よろしければ見てください」

「ありがとうございます。拝見して参考にさせていただきます。バイカってあの美犬ですよね。楽しみですね！」

私が親バカ丸出しで何度もインターネット上で「バイカは美犬」と押し売り気味に叫んでいたので、初対面のご夫婦にまで言われてしまった。

「はいっ、あのかわいいバイカです。だから子犬たちも……、あははは！」

その後、10月半ばにバイカは無事に結婚。2か月後、6頭の子犬が産声を上げた。その日からSNSでは毎日、ホームページでは明らかな変化のあった日に記事を書くようにした。

キーボードに向かうと、あの鮭汁鍋を食べながら話をしたご夫婦の顔と声が浮かんできた。私は目の前におふたりがいるかのような気持ちで、語りかけるように文字を綴った。

そんなバイカのお産と6頭の子犬たちの成長のドラマは、この原稿を書いていた時点で43日目となり、最低気温がマイナス20℃を下回る日でも、太陽が上がれば庭に設置した〝保育所〟の雪の上で元気に枝をくわえ、互いに取っ組み合い、そして敷いた布の上でだんごになって昼寝をしている。

あと2週間もすると混合ワクチンの接種、そしてその抗体価が上がると、首を長くして待っている新しい飼い主さんのところへ旅立って行く。

バイカの育児が終わるころ、私の乳父としての役割も同時に終わるはずだ。その日の記事に、私は「Sさん、あっという間ですよ。子犬の成長は」と書くことだろう。

子犬を見守る2

イベント会場でのご夫婦との出会いがきっかけで、ホームページとSNSに毎日アップすることになった、サモエドのバイカのお産と子犬たちの成長。産声を上げた直後から、目が開いてどんどんかわいさを増していく6頭の子犬たちの写真をなるべく多く載せるようにした。石川家流の子犬育てを詳細に知りたいと希望されていたご夫婦からは、ときどきメールで感想と質問をいただいていた。

この質問は、1回目の混合ワクチンの接種が終わり、私の文章に「旅立ち」の文字が並ぶころに届いたものだ。「子犬たちがあんまりかわいくて、手放せなくなることはありませんか？ 今回の6頭はすべて石川さんのところから旅立つようですが、行き先はどのように決めているのですか……？」

以前、東京でムツゴロウ動物王国の活動をしていたころのこと。私は「出前アドバイス」と看板を掲げ、犬で悩んでいる飼い主さん宅を訪問して解決策を一緒に探っていたことがある。吠える犬、咬む犬、引っ張る犬、ほかの犬と仲良くできない犬など、犬種も悩みも多彩だったが、今でも強く心に残っている特異で同種のケースがいくつかある。それは愛犬に出産をさせた家庭の悩みだった。子犬はみんなかわいい、まして愛犬の血を引く宝物である。成長を見守っているうちに手放せなくなり、すべての子犬を家に残してしまっていたのだ。

これはいけないことの最たるもの、と私の経験が言っている。どんな生き物でも、いつか必ず親の存在が疎ましくなる。そしてきょうだい同士がともにいることが大きなストレスになり、血を見る争いになることもあるくらいだ。人間で言えば、娘が父親を無視し始める思春期のような時期が、犬ではあっという間に来てしまう。これは生き物としては正しい進み方である。タブーである近親婚を防ぐ手だてとして、すべての生き物たちが親きょうだいから離れようとするベクトルが強力になる時期が必ずあるのだ。

ある家庭では、小型犬（母犬と5頭の子犬たち）を飼っていた。生後4か月を過ぎたあたりから母子、きょうだい同士でのケンカが激しくなった。やがて母犬は、オスの子犬の姿を見るだけで攻撃するようになり、それを止めようとする家族が運悪くケガをするということが重なった。オスの子犬同士でも激しいバトルが起き、1頭が大ケガをしてしまった。

家族でいちばん犬の世話をしていた奥さんは、母犬と子犬たちをそれぞれ別の部屋に隔離し、ケージに閉じ込めて争いを避けようとした。そして数か月状況は変わらなかった。仕事から疲れて戻ってほっとできるはずのわが家がそうではなくなって、ご主人は会社の近くに自分用のアパートを借りてしまった。中学生だった2人の子どもたちは、帰宅するとすぐに、かろうじて犬たちから守られている自室にこもるようになってしまった。

涙ながらに苦境を訴える奥さんと、私は何時間も話し合った。そのあいだ、何度も組み合わせを変えて犬たちをリビングに放して様子を確認した。

「母犬とこの女の子は大丈夫ですね。この子だけ残して、ほかの4頭は事情をお話しになった上で譲られてはいかがでしょう。もう成熟間近ですが、身内集団だからこそのストレスが原因なので、普通の家庭犬になれる素質は十分だと思います。もちろん、ご希望があれば私もサポートをさせていただきますので……」

1か月ほどかかったものの、4頭は無事に親戚や知人の元へ旅立った。なかには先住犬がいるところもあったが、様子を見に行くと体の大きな秋田犬の足元でうれしそうにしっぽを振ってはしゃぐ姿があった。同行した奥さんは、うれし涙で顔が崩れていた。

そんな思い出を長々とメールに綴り、「将来犬の繁殖をするとしても、手元に残すのは跡継ぎだけ。ほかの子犬は新しい家庭へ羽ばたかせてあげてください」と記した。その上で、私はバイカ親子の育児記録を楽しみにしているおふたりに、今回の子犬たちの行き先の決め方を書いた。

子犬の新しい飼い主さん……、私は彼らを新しい親戚だと思っている。「縁」という糸を縦横に縒り合って見事な布を織る関係が望みであり、そのために「里帰り」が可能な関係をまず頭に浮かべている。

うれしいことに、以前お渡しした子犬を絆の糸として愉快な布を織ってくれている家庭で、その犬が天寿を終えて姿が消えてしまっても、再度わが家で生まれた子犬で布を大きくしようとしてくれる人もいる。わが家でお産をしている犬たちが、祖母、母、娘と、しっかり血を継いでいることも、先住犬の懐かしい姿を同じ血の流れる新たな子犬に見ようという判断に影響しているだろう。

次に多いのが、今、目の前にいる犬に老いが見えてきたというケース。〝若い子分〟でシニア犬の元気復活、あるいは多頭飼いで犬同士の会話を笑顔で眺めたい、という人である。これはもう、犬だけではなく家族全員に笑顔をもたらす存在になること間違いなし、である。

そして最後に、ともに暮らした犬を最近看取った家庭である。奥さんの落ち込みようを見かねたご主人から連絡があり、私との共同作戦で子犬を引き取るというパターンも多くなった。これは良いことだと思う。いわゆる「ペットロス」に対する最高の処方薬は新しい犬であり、その子犬の姿、動き、表情が悲しみの涙をぬぐい取ってくれるだけでなく、涙を流す暇すらないほどにドタバタ劇を繰り広げてくれるのだから。

「愛犬の死は喪失ではなく、次の犬の中に必ず笑顔を伴ってよみがえります」

私は持論を強く訴え、その結果として、大勢の人と目の前の2代目、3代目の犬を眺めながら、逝った先住犬の話が笑顔でできるようになった。

さて今回のバイカっ子。雪どけで泥だらけのわが家から、最後の1頭が春に関東へと旅立つ。その家庭では、6歳のおじさんになった親族犬が待っている。ほかの5頭も、先住犬の不在の穴を埋める役割を担うのが3頭、老いた犬に元気を届けに2頭、北の地から旅立った。さて、いつ誰が里帰りをしてバイカ母ちゃんたちと遊ぶのか、楽しみでもある。

子犬を見守る3

2016年5月のこと、平年より1週間も早い開花だったからか、わが家の周囲のエゾヤマザクラは早くも葉桜になっていた。そこに真っ白なサモエドの子犬が登場。240㎞のドライブをしてきたのこ、前年末にバイカを母として産声を上げたメスっ子だった。帯広で新しい暮らしを始めたのが3月だったから、約2か月ぶりの実家である。

のこは車から降りたところで、自分に向けられるにぎやかな犬たちの吠え声に驚いたのか、歩みを止めて固まり、慌ててUターン。車に戻ろうとした。でも私と女房、そして聞こえてくる犬たちの声に聞き覚えがあったのだろう。再び庭に向けて歩みを続け、つながれたまま歓迎の声と表情を示している連中に静かに近付き、全身を嗅がれ、鼻を合わせてのあいさつと確認を受け始めた。

「覚えてますね、ここで育ったことを。みんながかわいがってくれたことを……」

少し不安そうな飼い主のCさんに、女房がうれしそうに声をかけている。私は解説者、観察者の気持ちで補足した。

「最初にうちの連中の声に驚いて立ち止まり、車に戻ろうとしたのは実家の庭での記憶が雪の上でのものだったからですね。でも、風景は違っても聞こえてくる声の記憶がよみがえり、『あっ、私、ここのこと知ってる!』と、しっかり再会のあいさつ行動ができました。えらい、えらい!」

十数頭の犬たちに順番にあいさつに行くのこに、まるで守るようについて回っているサモエドがいた。のことわが家の犬のあいだに入り込み、「何かあればオレが」という姿勢だった。それは帯広で一緒に暮らすノア、母親のバイカの結婚相手(つまり実の父親)だった。

もちろん犬の世界だから、ノアに「自分が父親だ」という意識はない。同居が始まっても、最初は無関心を装ったり、時には「せっかくのんびり暮らしてたのに、にぎやかなヤツが来たな」とでも思ったか、「うるさい!」としかることもあったそうだ。しかし、初めての里帰りでのノアの行動からは、つねに横にいて犬語会話ができることに気付き、のこを受け入れ、さらに仲良し同居コンビへの道を確実に歩んでいると見えた。

「もう2頭の絆は、ほぼ完璧にできてますね。散歩などではどうですか?」

私の質問にCさんは笑顔で返してくれた。

「のこがノアにくっついて歩きます。のこが道草を食うとノアがじっと待ってますし。広場では2頭で追いかけっこもできるようになりました。最近は家の中でも一緒に遊ぼうとしてます」

日が傾くまで、2か月ぶりの故郷でのこはアンラ姉ちゃんと遊び、保育士をしてくれた柴犬のゴン吉たちとうれしそうにあいさつを繰り返し、そして林の散歩を楽しんだ。同行保護者のノアは、実家を満喫するのこに安心し、関心を嫁のバイカに向けた。ノアにはタイミングの悪いことに、バイカは育児後初めてのヒートで隔離柵に入っていた。のこと会わせるときも、バイカをゲストサークルに連れて来ての再会となった。外に置き去りにされたノアは、鼻声で「入れろー」と切なく訴えながら柵の回りをうろうろしていた。

バイカとノアは、これまで3回結ばれている。しかし、のこたちが最後の子宝と決めている。「ノア、もう結婚はできないんだよ、これからはいいお友達でいてね!」

と言っても「バイカ命」のノアには聞こえていなかった。

のこには、ほかに5頭のきょうだいがいた。生後3か月をめどに母親のバイカと大勢の犬仲間（みんな保育士をしたがっていた！）に育てられ、犬の社会もある程度勉強して旅立って行った。

ブリーダーとしての私の願いは、「里帰りのできる関係」である。旅立たせて実家（ブリーダー）の役目が終わるわけではない。生後3か月弱まで育てた使命とともに、その後の子犬の成長も遠くからではあるが見守る役目があると信じている。子犬は単独で生まれて存在するのではなく、必ず母犬との数か月を含めた歴史がある。そのなかには私や女房のような実家の乳父も乳母も、終生をともにする新しい家のみなさんも、協力してその子犬の歴史を豊かにする責任があると信じている。

オスっ子の豆助は鹿児島に行った。豆助の大伯母の子・太郎を家族としている家庭で、そこに弟分として加わったのだ。豆助は行ってすぐにある特技を見せた。玄関で腰を下ろして靴を脱いでいるお母さんの背中に前足をかけて、おんぶをせがむのだ。それは体重が20kgに近付いた今でも続いており、お母さんは「重いよ～」と言いながら、笑顔で豆助を背に散歩をしているそうだ。もちろん、太郎との関係も確実に進化していることだった。

もう1頭のオス・レオは、先住のサモエドを天に見送ったOさんの家（埼玉）で暮らしている。先代もレオという名で、わが家のカザフを父とする立派な犬だった。「その姿が消えて寂しかった家に笑顔提供のいたずらっ子が加わり、楽しい日々です」とお便りをいただいた。近所に叔父にあたるサモエドがいるので、ときどき会っては犬同士で北の実家の思い出話をしているらしい。

のこ以外のメスっ子は、札幌、東京、神奈川で暮らしている。札幌のはなびはレオと同じように先住犬の跡継ぎという使命を担っている。緑の萌え始めた北の都で元気に散歩し、「先代は大の苦手だった花火も平気です」との連絡を受けた。夏の豊平川の花火大会も一緒に見られるだろう。

東京に行ったメスっ子にはユナと名前を付けてもらった。スカイツリーを望む街で元気に庭を駆けている。先日は「ドッグランの親族会できょうだいのレオと再会できました」とのメールをもらった。

そして神奈川の子は、北海道生まれにぴったりのすずらんという名前を付けてもらった。先住犬として大伯母の息子のチョモランがいる。すずらんは「お兄ちゃん、お兄ちゃん」とチョモを頼り、それを家族が笑顔で見守っているという。

６頭のバイカっ子・２０１５年組は、みな元気に育っている。遠いけれども、次に誰が里帰りをしてくれるのかと楽しみにしながら、北の実家ではそれぞれのファミリーヒストリーの新たなページへの確実な記載を期待している。

平成最後の保育園

わが家でたくさんの犬が暮らすようになって、早いもので40年以上になる。現在は20頭に満たないが、ピーク時（私が若いころ）には30頭を軽く超えていた。当時は猫も20匹以上、それに加えてキツネやヤギ、アヒル、ニワトリ、烏骨鶏などの家禽もうろうろしていたものだ。重ねてきた笑顔の日々を振り返り、女房と昔話をすることも多くなった。

「ほら、あの子、増水した川で泥だらけになった子。えーっと、名前は何だったたっけ、サモエドの……」

泥まみれの顔は浮かべどもなかなか名前が出てこないのは、ともに暮らした生きものたちの数の多さというよりも、加齢の影響だろう。名前を思い出したときのちょっとした喜びと安堵感は、現在の私の幸せのひとつになっている。

朝夕の散歩、林や下の川での冒険、そして食事の世話など、日々ほぼ同じようなことを、観察に具体的な手足の動きを添えて繰り返してきた。この日常が私と女房の幸せだったことは間違いない。さらに（多くて年に2回ほどの）犬のお産と育児は、つねに筋書きのないドラマであり、ともすれば日常に慣れすぎてしまいがちな私や女房の心を躍らせてくれた。

２０１９年、平成最後の月日を、わが家では柴とサモエドの子犬たちの成長を見守って過ごしていた。柴犬のココは2度目、サモエドのあるるは初めてのお産を、前年の12月に無事終えていた。２頭の母親は母乳の出も良く、子犬のお尻の始末も合格点。柴犬が2、サモエドが5、合わせて7頭の子犬たちはすくすくと成長してきた。

そして年が明けた。いつもよりもかなり雪の少ない冬だったが、朝夕の冷え込みは厳しく、晴れて風のない夜には放射冷却が進んで翌朝には気温が氷点下30度近くまで下がることもあった。でも、太陽の光があれば雪の大地にも温もりがあふれる。生後1か月を過ぎた新年早々、7頭の子犬たちを箱に入れて雪の庭での日光浴・寒気浴をスタート。生後１か月半を過ぎると、日中はサークルで囲われた保育園で過ごさせるようにした。園内には毛布を敷いた小屋があるのだが、雪が舞ってきたり風が強くなると、教えもしないのに子犬たちは小屋に入ってだんごになっていた。

保育園での日々はとても大切だと、私は思っている。母犬を同居させることで、強制ではなく自由意志で子犬と母犬に授乳のタイミングを任せることができる。さらに柵の外にはいつもわが家の犬たちがうろうろし、色も大きさもさまざまな犬の姿と動きを学ぶことができる。

やがてサモエドのキエフやアリーナのようにフェンスを軽々と飛び越えては保育園に侵入し、自主的に保育士を務める犬も出てきた。これは子犬たちには驚きであり、母親とは異なる成犬との接触でもある。成り行きとして尾を振り、時にはおもらしをしつつ、徐々にあいさつできるようになった。

ここまでは、母犬や保育士役を買って出てくれた犬たちと、園児たち7頭の子犬のドラマである。互いの心のベクトルは成犬対子犬で展開している。これはとても重要であり、眺めていても楽しい光景だった。

さらに子犬たちが成長し、生後2か月で混合ワクチン接種（1回目）が終わると、いよいよメインイベントだ。それは毎日のことではないが、保育園スペースにたくさんの成犬を入れて数時間を過ごしてもらう。

サークル内の雪がザクザクに解け、もう冬は終わりかと気落ちしていたときに、新雪が15㎝積もってくれた。チャンスとばかりに私は動員令をかけてわが家の柴犬たちを保育園に入れた。長年保育士として活躍し、その後引退して名誉園長に任命されている15歳のゴン吉、そのきょうだいのラッキー、さらに12歳のハコ、今回の子犬の兄にあたるテンテン、そして母親のココである。名付けて〝柴祭り〟！

この顔ぶれがそろうと、成犬たちの心は子犬ではなく、血のつながる親族の柴たちに向けられ、互いにけん制と平和の距離感を意識して行動する。それを同じ場所で目撃し、子犬たちは成犬の動きや表情が示す「犬語」を認め、それを学ぶとともに輪に入ろうとして、自分たちも耳を倒し、しっぽを懸命に振って近付く。尻に貼り付けてある名刺（ニオイ）で相手を確認し、記憶に残す作業を繰り広げてもいた。

翌日、今度は保育園のサークルの扉を開け、子犬たちを雪の庭に放してみた。躍るように弾みながら駆け回る子犬たちだったが、前日に会って確認した犬のところへ行くと、覚えたての手順でしっかりあいさつしていた。

ああ、この子たちも社会性の階段を1歩上がってくれた。旅立ってからもたくさん勉強することがあるけれど、まずは安心して新しい飼い主さんの懐に届けることができると安堵した、平成最後の春だった。

グッバイ、ラッキー！

私がたくさんの犬たちと暮らすようになって、50年が経とうとしている。もちろんそれ以前、幼いころから犬は友達だったが、飼っていたのは1頭だけだった。複数の犬と暮らすという夢はムツゴロウ動物王国に参加して実現し、さまざまな犬種の特性に驚かされ、そして笑顔をもらってきた。

おそらく私の手がふれた王国の犬の頭数は１０００を超え、石川家で生活した犬に限っても３００頭は下らない。姿も性格も多様な連中だが、最も穏やかな犬はと問われたら、私は即座に「ラッキー！」と答えるだろう。

ラッキーは、２００3年にわが家で産声を上げた柴犬のオスだ。母親は柴犬６代目のシグレ、父親は知人のところからやって来たシバレだった。５頭きょうだいで生まれたのだが、オス・メス１頭ずつを手元に残して、石川家犬軍団のメンバーとして育てることにしていた。

しかし、思わぬことが起きた。わが家から旅立つ予定だったオスの1頭が、道路に出て車にはねられてしまったのだ。全身の力が抜け、とくに後ろ足はだらりとしていたが息はあった。急いで友人の動物病院に駆け込んだ。

「骨盤周囲の複雑骨折、それにしっぽも付け根から2㎝のところで折れてるね。うーん、成長期の子犬だから修復手術は難しい。幸い内蔵にダメージはなさそうだし、固定して安静治療にしてみようか……」

レントゲンの画像を前に、獣医師の友人と私は子犬の生命力と運命の力に希望をつなぐことにした。折れた部分から断尾することもすすめられたが、血管や神経の具合がはっきりするまで待ってもらうことにして、体表の傷を消毒した後に2種類の飲み薬をもらって家に連れ帰った。

わが家のリビングの中央に猫用のベッドを置き、その中に身動きをせず、横になって静かに寝ているだけの子犬を置いた。私と女房は声をかけながらゆっくりなで、そして牛乳を中心とした食事を与えて大小便用のオムツをこまめに替えた。

そんな療養生活が10日ほど続いたころ、子犬は前足を突っ張って起きようとし始め

た。生後3か月、かなり活発な動きをする時期である。痛みが消えるとともに自主的な安静に耐えられなくなったのだろう。

数日後、女房が毛布を床に敷き、その上に子犬を降ろした。子犬は腰を毛布につけたまま前足だけで数歩進んだ。そこでいったん止まると、懸命に後ろ足を腹部のほうに引きつけて立ち上がろうともがき始めた。

「お父さん、後ろ足に力が入ってる。歩けそうだよ！」

女房の声に、私は「腹部に手を入れて支えてみて」と応えた。1歩、2歩、3歩。左右を交互には動かせないが、右の後ろ足は間違いなく歩みを示していた。

「すごい、すごい！　一生歩けないんじゃないかと思ってたけど、この子、きっと走れるようにもなるんじゃない。ケガしてまだ3週間でここまでできるんだから……」

その女房の予感は見事に、いやそれ以上の形で的中した。事故から2か月後、その子は庭でわが家に残った柴犬2頭、オスのゴン吉やメスのチャチャと一緒にシグレ母ちゃんと遊べるようになった。

「もう、この子もうちに残そう。幸運な子だから名前は『ラッキー』だね！」

ラッキーは後ろ足を伸ばして蹴り進むかけっこは無理だったが、普通に速歩はできるようになった。断尾をと言われたしっぽも、これまたラッキーなことに血流は維持されていたのだろう。根元で折れて柴犬らしい巻尾にはならなかったが、U字形で腰に背負うことができた。しっぽを動かす神経は復活しなかったので名を呼んでもかわいらしく振ることはできなかったが、生活に支障はない。

そして何より、ラッキーがわが家で特別な犬になったのは、その〝やさしさ〟だった。思わぬケガでの治療のためリビングで数か月を過ごしたラッキーの周囲には、つねに私の家族をはじめお客さんの声と手があった。加えて10匹以上の猫がうろうろし、ベッドに浸入して添い寝をする子もいた。

この濃密な時間はラッキーから柴犬特有の番犬資質を取りのぞき、早い時期の去勢手術と相まってオスらしさを薄めてくれた。だからわが家のすべてのオス犬たちが、成長したラッキーをまるで子犬のように扱った。どの犬もラッキーをヒエラルキー(社会的上下関係)ではとらえていなかったようだ。車にぶつかる事故はあったが、犬同士でのトラブルとは完全に無縁な子になったのだろう。

やがてラッキーは、天職とも言える仕事を見つけた。それは、産声を上げたすべての子犬の保育士をすることだった。生後1か月を過ぎたころに子犬たちを日光浴に庭に出すと、サークルの横にラッキーの姿を見るようになった。試しに中に入れてやると、うれしそうに子犬の尻を嗅ぎ、口元をなめ、そして絡み付いてくる子犬たちの相手を上手にこなしていた。

ラッキー保育士の世話を受けて巣立った子犬は、14年間ほどで300頭を超えているだろう。同胎のゴン吉とともに保育士としての功績は表彰もの、私と女房は「はいっ、ギャラだよ！」と言ってよく特別なおやつをあげていたものだ。

そんな見事な生き方をしていたラッキーも、2018年ごろから子犬たちが待つ保育園に入れてもあまり動かずたたずむことが多くなった。年を取って耳が遠くなるとともに、動きの速い子犬たちについていけなくなり、それよりものんびり昼寝をするように……。

そして2019年6月10日、ラッキーは静かに最後の呼吸を終えた。あと2か月で16歳というところだったから少し残念な気もするが、間違いなく見事な一生だった。まさに幸運とともに歩んだラッキーの5800日だったと、私と女房は信じている。

Chapter

4

コボとタッチは天からの使者

起き上がった犬

コボが5歳を迎えたときのことだ。ふつうの犬ならば大騒ぎをして祝うほどの年齢ではない。しかし私と女房、そしてコボを知る多くの人たちは特別な感慨を持ってこの日を過ごした。

サモエドのコボが誕生したのは、2005年の暮れだった。まだ母犬の産道から出る前にへその緒が切れてしまい、その状態でしばらく過ごした後、ようやく仮死状態で生まれてきた。私はマッサージを続けた。5分、10分、20分……。もうだめかとあきらめかけたころ、コボはようやく自力で呼吸を始め、ずいぶん遅れた産声を上げた。

そのことによるダメージは、3日目に明らかになった。ほかのきょうだいが後ろ足を踏ん張って母犬の乳首をくわえているのに、コボはかろうじて口先でくわえるだけだった。これではきょうだいでの乳首争いに勝てるはずもない。女房が体を支えて手助けするとともに、人工乳の哺乳も始めた。

成長とともに、歩くことはおろか4本足で立つことさえもままならないことがわかった。獣医師は「低酸素症による脳性マヒ」と診断した。難産時に起きやすく、人間でもよく見られるマヒだった。

「どうしますか。おそらくそんなには生きられないと思いますが……」

獣医師の言葉は当然だった。私もこれまでにこの症状の犬を何頭も見てきた。そのなかで生後1か月の足跡を残した子はいなかった。しかし、何とか時間をやりくりしては静かにコボに向き合う女房の姿を見て、私はこう言っていた。

「呼吸を止めたときが、この子の天寿だと思います。それが明日なのか3か月後なのか、それとも1年先なのかわかりませんが、私たちのできることをしてやります。後は、この子の生きる力に任せます」

当時私たちは、東京・西多摩のムツゴロウ動物王国内にある石川百友坊で暮らしていた。女房は傾いたコボの首にフィットするよう、スポンジを入れたえり巻きを用意した。これは歩行訓練のときにひっくり返っても、頭を守ってくれるヘッドギアの役割も果たす。1歩、2歩、3歩……。ふらつきながらもコボが歩を進めるたびにお客

さんが拍手してくれた。

　毎日のトレーニングを見守っていたのは、私たち人間だけではなかった。通常ならば生後3か月を過ぎると子犬にきつく当たることの多い母犬のラーナも、つねに寄り添ってコボを気にかけていた。きょうだいのエニセイだけではなく、ほかの犬たちもコボには穏やかに向き合い、よろめきながらコボが進んで行くと道を譲っていた。

「成長とともにさまざまな障害が出る可能性がありますよ」

　獣医師は、そうも言っていた。それが現実に起き始めたのは、生後半年が過ぎたころだった。歩く、走るなどの運動機能に関してはリハビリの訓練で進歩していたが、目に見えない脳内のダメージがけいれん発作となって現れた。いわゆる「てんかん」である。

　コボはときどき突然よだれを流し、全身を震わせ、四肢で空中を蹴って異様なうめき声を上げた。心配した私たちの手に咬み付くこともあった。これがいったん起きると2〜3日は続き、そのあいだコボの口は固まり、食べ物はもちろん水を飲むことすらできなかった。

　そんなある日、車イスの青年が、サークルの中でうなり声を上げているコボに近付き何かささやいていた。同伴の女性が私に伝えてくれた。

「うちの息子も脳性マヒなんです。この子が言うには、コボちゃんも痛みと闘っているんだね、がんばれー、だそうです」

私は詳しく話を聞いてみた。彼も何度もけいれんを起こすと言う。そのときは自分の意志とは無関係に筋肉が収縮し、同時に強烈な痛みが襲ってくるのだと。コボがうなったり咬んだりするのも、決して性格の変化ではなく、痛みと向き合っている証なのだと……。

コボを通して、私と女房は多くのことを学んだ。大勢の障害を持つ方と知り合いになり、真実を知り、そして私たちとコボは励まされた。西多摩での日々は、コボとともに私たちの成長のときでもあった。

そして2007年の12月。私と女房には長く暮らしていた場所、コボには初めての土地となる北海道に戻った。西多摩以上に自然が多い北の地が適していたのかもしれない。コボの発作の頻度は少なくなり、もし起きたとしても特効薬のあんパン（西多摩で見つけたコボの大好物である）があれば、口はよく動かなくてもよだれとともに飲み込んで体力を維持することができた。

コボのきょうだいのひとり、権次郎は札幌で暮らしている。飼い主のUさんから、

「5歳の誕生日を一緒に祝いましょう」と声をかけていただいた。Uさんは地域の安全を犬とともに守る「ワンワンパトロール」も主宰している。2011年を迎えた新年の餅つき会に合わせて、コボたちの誕生会も行われることになった。

札幌までの450㎞、コボは車内で大好きな女房をひとり占めできることを喜んでいた。当日は大勢の方々との宴が催されて、コボのテンションは上がり、軽やかな足取りで人や犬たちとの時間を楽しんでいた。

用意されていた大きなケーキには6本のろうそくが立てられていた。「また1年元気に過ごし、6歳を無事に迎えよう」と願う方々の心遣いがうれしかった。

花を求めて

「ねえ、見に行こうか、満開みたいよ」

テレビでニュースを見ていた女房のつぶやきが聞こえた。２０１１年の春のことだ。

「あっ、東藻琴の芝桜か。もう何年も行ってないね……」

画面いっぱいにピンク色のじゅうたんが広がり、そのなかに白と濃い赤の花が模様のように混ざり合っていた。女性のレポーターが、あと数日で満開と伝えていた。

「行こう、行こう。コボを連れて！」

張り切った声で女房が言った。体重は増えていないのだが、最近なぜか腰の重い私も女房には反論できない。じゃあ今度の休みに、と返事をした。

当日、わが家を出るときはあいにくの小雨模様だった。しかし、勤めに出ている女房の休みは週に１回のみ。何とかなる、といつもの気楽な判断で片道１００㎞の旅は始まった。

出発前、車を庭の中央に停めた。後ろのドアを開けて座席を倒し、そこに毛布を敷き始めると、私たちの動きに注目していた十数頭の犬たちの声が襲いかかってきた。

「ぼく、ぼく、ぼくを連れてって！」

「いや、私だよね、いい子で乗るから、私にして！」

「違うよ、ぼくだよー。もう何年もドライブに行ってないんだからね」

犬語の通訳がいなくても、彼らがこう叫んでいることは表情でよくわかる。

「だめだめ、みんなは留守番。今日はコボとドライブなの、いい子で留守番してね」

生まれたときの難産が原因で低酸素症の脳性マヒを背負っているサモエドのコボ。さまざまな困難を乗り越えて、２０１０年の暮れに5歳を迎えていた。獣医師も私たちも、彼を〝奇跡の犬〟と呼んでいる。障害のために「ワン！」と吠えて主張することはできないが、コボは瞳と体の動きでその心を表してくれる。

「ねえお父さん、コボ、うれしいって。自分から車に乗り込むって！」

コボは開いている後ろのドアに胸を当て、後ろ足で地面をかいていた。運動機能に問題があるため、目標を定めてのジャンプはできない。私が27kgの立派な体を持ち上げ、コボは毛布の上で横になった。

目的地が近付くにつれて、雨に加えて霧も濃くなってきた。これでは湖面も見えないだろうと摩周湖はあきらめ、私たちは屈斜路湖の横を抜けてオホーツク海側を目指した。女房の膝を枕にして穏やかに目を閉じていたコボが、突然起き上がり、鼻をひくつかせる様子がミラーに映った。

「これは硫黄の臭いなんだよ。コボは初めてかな」

対向してきた大型の観光バスが硫黄山のほうへウインカーを出していた。前面には本州の旅行会社の看板をかざしたバスもある。

「違うよ。コボが気付いたのは、これ！」

私は、（後部座席のコボと女房に内緒で）眠気覚ましにこっそり食べようとしていたビスケットを見せた。袋から取り出すときにカサカサと音がした。そしてサンドされているバニラクリームの香りも漏れていた。

「あっ、本当だ。コボがよだれを出してる。だめだよ、見つかると大変なんだから」

女房が言う間もなく、コボは私の手にあるビスケットを目指し、狭い車内で起き上がり、口を近付けようとした。

「コボ、1個だけあげるから、おとなしくして。危ないから！」

私は犬を飼っている人たちに、つねづねこう言っている。

「車で出かけるときには、できれば犬を乗せてあげてください。日常を超えた状況、そして閉鎖的な空間が新しい人と犬の絆を紡いでくれます。もし近所にガウガウしてしまう犬がいるなら、同じ車でなくてもかまわないので、連なってドライブに出かけてみてください。そして、互いが知らない場所で一緒に遊ばせてみるんです。必ず良い変化が起こるはずですから……」

車内で同じ空気を吸い、同じ時間を揺れながら過ごすことで共振共鳴関係が出現しやすくなるのだ。障害を個性として生きてきたコボもそうだった。長い距離では東京から北海道への片道１５００㎞から、短いときは近くの海までの往復60㎞まで、数多くのドライブを楽しんできた。その際には必ず隣に女房がいて、そのこと（大好きな人の占有）でコボにとってドライブは至福のひとときとなり、感情と生理的な両面で良い結果につながってきた。


ライトをつけて濃霧の峠を上り終えると、突然視界が開けた。オホーツク海側は雲の切れ間もあり、路面はすでに乾いていた。

私たちは良かったね、と言いながら芝桜で有名な公園の駐車場に車を入れた。正面の丘は見事に桜色だった。車から降りたコボはうれしそうに飛び跳ねた。

しかし……である。何たることか、公園の正面入口には白い看板に大きな文字で〝ペット入園禁止〟と書いてあるではないか。それも無粋な黒い色で。

このことに関して言いたいことはあるが、ここではやめておく。ただ、本州よりも広い大地に恵まれた北海道のほうが、禁止の看板が多い気がしてならない。大らかさが売りのエリアだったはずなのに……。

「コボをペットと考えたことはないから、ＯＫかな？」

そんな個人的な主張をするほど、私はわがままではない。素直に看板に従い、私たちはコボと公園の囲いの周辺をうろうろして写真を撮った。公園の向かい側には植えたばかりのビートの畑が広がっており、黄緑の苗が整然と並んで春の淡い光を浴びていた。その手前にタンポポの咲き誇る空き地があった。コボはそこで弾けた。

何か食べたいと思い、入園口前の屋台のほうに行った。コボを見つけたお客さんが声をかけてきた。障害を乗り越えてがんばっていると言うと、誰もが「すごいね」、「かわいいね」と言ってくれた。コボは人間が大好きだ。お客さんに突撃しようとして女房に押さえ込まれた。

私は女房のためにソフトクリームを買った。いろいろな味があったが、まずはシンプルにミルク味。私の手元を見てコボの表情が変わった。試しになめさせてみた。

「コボ、ソフトクリームは初めてでしょ。でも上手に食べてるね！」

そんな女房の言葉は、やがて嘆きに変わった。

「もういいでしょ、お母ちゃんの分がなくなるよ……」

わずか7分でコボはソフトクリームを食べ終えた。女房は笑いながら、やわらかくなったコーンだけを口にした。コボはなめるのは得意だが、舌の動きに問題があるので形あるものをかじることが苦手なのだ。

『入園禁止』の看板が張り切って仕事をしているので、持参した招待券は使わず、私たちはコンビニでおにぎりを買って昼ごはんを済ませた。

「園の中にある食堂に行きたかったよね」と言いながらも、コボを置き去りにはできなかった。コボは、車内でおかかのおにぎりを少し食べ、ヨーグルトを上手に飲んだ。

その表情にはドライブのときだけに見せる穏やかさと喜びがあった。

コボ、そのとき5歳と半年。奇跡を積み重ねる日々はまだ続いていた。

東藻琴芝桜公園

幸せな星

「コボ、コボ！　大丈夫？」

勤め先を早退してきた女房の声がリビングに響きわたった。抱きかかえられた白い犬のまぶたが一度閉じ、そしてゆっくり開いた。瞳孔は開き気味だったが、確かに呼びかける女房を認めていた。

「もう、今度の発作はしつこいね。コボ、がんばってね……」

左手で体を支え、女房の右手はコボと呼ばれたサモエドの頬を何度も上下していた。

「勤めに出てから、もう4回ほど発作が起きてる。さっきのがいちばん厳しくて、苦しいのか初めて〝ワン〟と聞こえる声を出したんだ」

私の説明が女房の耳に届いているのかどうかはわからない。女房は頬をなでながら、小さい声でコボに話しかけていた。

コボは難産で生まれたために低酸素症による脳性マヒを背負っていた。40分に及ぶ私の蘇生マッサージによって呼吸を始めた子犬に対し、獣医師も犬の繁殖のベテランも、誰もが「育たない」と断言した。

しかし、女房の手から魔法が繰り出された。いや、それは魔法などと言われる怪しげで観念的なものではない。長く命と具体的に付き合ってきた知恵と経験をもとに、こまめに哺乳をし、大小便を促し、そして手作りのヘッドギアを首に巻いて、運動障害のあるコボのリハビリを繰り返した。

幸いコボは、食べることと飲むことに関しては脳にダメージを受けていなかったようだ。工夫を凝らした女房の与え方が見事に生きて、コボはほとんどの人の予想を裏切り、確実に命をつないでいったのだ。

生後2か月を過ぎたころ、障害を乗り越えてがんばる様子を見守っていた仲間が名前を付けてくれた。転んでも必ず起き上がり歩こうとする様子を見て、「起き上がりこぼし」からとってコボと命名された。

てんかん様の発作が始まったのは、生後6か月のころだった。生まれたときからお世話になっている獣医師は、深刻な顔で私に言った。

「脳内の重要なところに問題がある。試してみた薬もあまり効かない。冷たい言い方だけれど、若くても呼吸が止まったときが天寿と考えるしかないかもしれない……」

宣告される前に、そのことは私も女房も十分にわかっていた。そして覚悟していた。いったん発作が始まるとそれは3～4日続き、そのあいだは断続的に硬直とけいれんが繰り返される。口蓋も舌も固まり、食べることが困難になるのだ。しかしある日、私が昼食に食べているあんパンを見ていたコボの口元に、よだれの筋を見つけた。私は試しに小さなかけらを与えてみた。噛み砕くことは難しかったが、コボはよだれと一緒にあんパンを飲み込んだ。

その日からコボの緊急食（処方食？）はあんパンになり、遊びに来るお客さんがさまざまなあんパンを届けてくれた。その中には、私の大好物のこしあんタイプなどもあり、余りものは私の胃袋を満たした。

不思議なことに、コボはあんパンを食べると水も欲しがった。これで発作時の飲食問題が解決したというわけだ。

一度、耳血腫の手術のために軽く麻酔をしたところ、コボに異変が起きてしまった。以来、なるべく薬を避けてきたので、オスだが去勢手術はしていない。しかしコボに、男としての気持ちはなかった。あるのは穏やかさだった。

ほかの犬にはつねにフレンドリーに接し、とくに子犬には強く興味を示した。自分の周囲を駆け回る子犬の声と動きを飽きずに眺め、そして寄って来た子犬をやさしく嗅ぎ、時にはなめようとするしぐさも見せていた。

「コボはやさしいよねー。だから子犬たちからも慕われるんだよ」

女房は、子犬に囲まれたコボの姿が大好きだった。

「それに利口だよね。絶対に〝おバカちゃん〟じゃない！」

それには私も大きくうなずいた。

「うん、あいつの目には『周囲の出来事を完全に理解している』と書いてある。耳の動きも細かいし、体が不自由な分だけ耳目の能力が優れているかもしれない」

女房もつないだ。

「そうそう、お父さんの車が後ろから近付いて来たら、まだ見えないうちから振り返ろうとするのよ。私が支えているハーネスを振り切って。エンジンの音で判断している感じ」

排泄に関してもコボは優等生だった。つないだりフリーにしておくと、動きの不自由なコボには危険なこともある。従って、私たちが付き合えないときは1坪ほどの広さのサークルに入れていた。夜は横に布団を敷いて女房が添い寝をしていたのだが、尿意を催したコボは、起き上がってぐるぐる回り、サークルに体をぶつける音で女房を起こし、必ず戸外で済ませていた。人間たちが忙しく、長く間があいてしまっても、犬としての誇りを守り、我慢をしてくれていた。たとえ伏せていても目が合ったときにコボは「おしっこ」と瞳で告げ、起き上がってサークルの出入口で待っていた。

コボには、いわゆるしつけなるものを何もしていない。しかし、犬は本質的に気品と誇りを備えているすばらしい生き物だと、コボは障害を友とし、乗り越えることで、よりクリアに示してくれていた。

「コボは、〝何があっても起き上がる会〟の会長さん！」

生まれたときからコボを応援し続けてくれた人がそう言ってくれた。実際、体に障害のある方や、暮らしのなかで気持ちの落ち込んだ方から、「コボの姿に励まされました……」との感謝のお便りをたくさんいただいた。それは、コボとの長い時間を重ねていた私と女房への強いエールへと形を変えていったのだった。

「お父さん、コボがおかしい！」

荒い呼吸が収まっていた。さっきまで、女房の手の動きに応えて持ち上げようとしていた首から力が抜けた。

「コボ!」

私の大声に、周りを取り囲んでいた猫たちが驚いて逃げた。

「コボ、どうしたの、起きてよ、コボ!」

女房の声が届いたのか、一瞬、コボが背伸びをするように首を動かした。

それが最後の呼吸だった。

あっけなかった。あれほど何度も何度も起き上がって来たコボなのに……。

私は、唇から少しはみ出ていた舌を指で口の中に入れようとした。まだ十分に温かく、あんパンを押し込んでいる時と同じ感触だった。私の目の中でコボの姿がにじんだ。ぬぐおうと手を顔に近付けると、コボのよだれの匂いがした。今年は何度ブラシをかけてもふさふさの毛が減らなかった。窓から差し込んでいる夕日にコボの腹部の毛が動いているように思え、私は何度も透かして観察した。しかし、その白い毛が再び膨らむように動くことはなかった。

2011年9月1日。コボの5年8か月と10日の、見事な一生は終わった。

その夜。女房と私は初めて、コボを伴わずにわが家への小径で夜の散歩をした。夕方から空を覆っていた雲が1か所切れ始めていた。そこにひときわ輝く大きな星を認めた。女房がつぶやいた。

「あれ、コボの星に決めた……」

木星。それは陽気で幸せな星。

さあ、立っちしよう！

「お父さん。やっぱりこの子、ちょっとおかしいよ！」

産声を上げて5日目の子犬たちを見ていた女房が言った。

「そうなんだ。そのオスっ子だけ体重がなかなか増えないし、乳首争いにも負けてしまうんだよなあ」

そう返事をして、育児箱を女房と一緒に覗き込んだ。女房は気がかりなオスっ子を右手で抱えて、自分の目の前へ持って行った。それまで静かに横になりながら子犬たちに授乳していた母親のバイカが顔を上げ、少し心配そうな瞳で私たちを見た。

「ほら、首が安定しない。後ろ足も自分で動かさないし、力が入らないみたい……」

女房が手のひらに子犬を乗せ、もう一方の手でさわって確かめていた。子犬は首を上げようとはするが、すぐに右に傾き、コテンと転がってしまった。

「コボと同じだろうか。この子も破水からしばらくして何とか生まれたわけだし、酸素不足の障害が出てるのかもしれないよ」

コボは低酸素症による脳性マヒというハンデを背負った犬だった。30分以上に及ぶマッサージでどうにか産声を上げたが、やはり脳へのダメージは残り、起き上がって歩き始めるまでにかなりの時間を要した。そして、てんかん様の発作を起こすようになったのだ。

幸いにして食べることに関しては問題なかったので、ゆっくりながら穏やかに成長。5歳9か月目で起こった最後の発作で空の上に居を移すまで、大勢の人々にエールをもらい、笑顔で日々を重ねてくれた。

そして2014年1月、コボの姪にあたるバイカが2度目のお産をした。子犬の数は4頭と、サモエドにしては少ないほうだ。若い母親なのでミルクはたっぷり、乳首は8個あるのでまさに飲み放題。ほかの3頭はぐんぐん成長して重くなっているというのに、1頭だけ取り残されていく。その段階で、私たちは「少しおかしいな」と気にし始めた。

子犬たちの足がしっかりしてきたころのこと。バイカが育児箱の隅に離れていても、

3頭は乳首を求めて這い回り、母親のところまでたどり着くようになった。しかし、例のオスっ子だけはきょうだいたちに置き去りにされ、同じ場所で腰を基点にぐるぐる回るだけだった。バイカは心配そうにその子を見るが、ほかの3頭がお乳を飲んでいるので動くことができない。

私は、幼いころのコボをよく知っている獣医師に連絡を取ってみた。あれこれ話をしたところ、やはり低酸素症による脳性マヒの可能性が最も高いだろう、という結論になった。そのとき、私の脳裏にあるブリーダー氏の言葉がよぎった。

「私はそんな障害のある子を育てることにはあまり賛成できないな。第一、その子にとってもつらいことだろうし、手間もかかる。ブリーダーとしては避けるべきことなんじゃないだろうか……」

コボとの5年余でいろいろ経験していたから、それは私にも十分に理解できる意見だ。わが家で生まれ育った子犬を、お金をいただいて望んだ人に譲っているわけだから、私もブリーダーのはしくれかもしれない。しかし、やはり目の前の命、誕生時の事故による後遺症と懸命に向き合っている小さな姿に、どうしても手を差し伸べずにはいられない。それは女房もまったく同じ考えだった。

ホームページやSNS上で、画像とともにありのままの事情を公開し続けていると、コボの一生をよく知る友人から今回のオス っ子に名付けのアイデアをもらった。しっかり〝立っち〟できるようにタッチではどうか、と……。

名前が決まらずに悩んでいた私と女房はすぐさま飛び付いた。立っち、タッチ！わが家のみんなが大好きだったマンガのタイトルにもつながるすてきな名前だ。生後1か月にして、オス っ子の名前がようやく決定した。

不思議なことに、母犬は普通ではないわが子を見分け、気を使うことができる。乳離れをした後でも、歩くトレーニングをするコボの横では、必ず母親のラーナが見守っていたように、バイカもタッチの様子をしっかり見ていた。それはほかの子犬たちが自力でウンチをし始めても、なかなか立ち上がって用を足せないタッチの尻をなめて処理することにつながった。

タッチがおっぱいを飲むときは、やはり人間のサポートが必要だった。動きが活発になるにつれて、乳首の奪い合いはどんどん激しさを増す。私たちはそこから弾き出されるタッチを支えてやった。子犬同士での遊び、プロレスごっこでも、タッチは運動機能の調整ができないハンデがあり、つねにほかの犬たちからターゲットにされてしまう。私たちが付き合えないときは、タッチだけ別の箱に収容して難を逃れさせた。

よく誤解されるのだが、低酸素による脳性マヒでは知能にまず問題はない。タッチは上半身を起こしてよくきょうだいの争いを眺めており、気持ちは「自分自身も参加している」というようなまなざしをしている。雪の上での日光浴では、転げながらも庭の犬たちにあいさつしようとしていた。

タイミングの良いことに、大事な歩行・運動訓練の時期が真冬と重なり、積もった雪が転ぶタッチを守るクッションとなってくれた。やがてきょうだいたちは飛行機に乗って、それぞれの新しい暮らしの地へと旅立って行った。タッチは、夜や雨の日はリビングで、それ以外の時間は太いハルニレの木の横に設置したサークルで過ごしている。

狭いサークル内でウンチをするのは犬の矜持にかかわる。もよおすと懸命に吠えて、私たちを呼ぶタッチ。サークルから出してやると、土の匂いを嗅ぎながら場所を探し、腰をかがめて空を見つめる。ときどきバランスを崩して、出たモノの上に腰をつきそうになるので、念のため横で支える用意はしているが、これもそのうち不要になるだろう。

混合ワクチンの接種後に軽い発作が3度ほど起きたが、幸いその後は落ち着いていた。「このまま、このまま……」。そう願いながら、私と女房はタッチの鼻声に「あいよ。なーに、タッチ！」と返事しながら振り返る毎日を送っている。

今が天寿

低酸素症による脳性マヒで、タッチと名付けられたサモエドのオスは、2015年1月に1歳の誕生日を迎えた。彼の元気と意欲の源であるあんパンとヨーグルトの朝食。いつもならあんパンは1個なのだが、お祝いということで2個与えた。あっという間に平らげて、「もっと欲しい」と瞳で訴えていた。夕食には、いつものフードに細かく切った牛肉をのせ、記念の日の締めくくりとした。

ホームページやSNSなどで、タッチが産声を上げた瞬間から様子を知っている人たちから、お祝いのおやつ、メールや手紙、そしてネット上で祝辞をたくさんいただいた。遠い九州の地から、ソフトジャーキーとともに北海道へ届いたAさんの便りには、こう書かれていた。

「……ところでサモエドの寿命はどのくらいなんでしょう。ハンデはあるけれど、タッチも天寿をまっとうできることを祈ってます……」

私はお礼の返事に次のように書いた。

＊

ありがとうございます。タッチはうれしそうにジャーキーを食べました。最近、とてもいやしくなっています。鼻声での催促が激しいのは、寒さで代謝が上がってるせいかもしれませんね。何せここは、ときどき気温がマイナス20℃近くまで下がりますので。

さてサモエドの寿命ですが、大きくなる犬なので、10歳を迎えたら区切りのお祝いができる「赤飯年齢」だと思います。その後はすごいねー、良かったねーの歳月。最近は15歳を超える子も結構いるようですよ。でも、タッチと同じ脳性マヒを抱えたわが家のコボは、5年と9か月で私の前から去って行きました。幼いころから脳の障害が原因の発作を繰り返しながらも、懸命にがんばっていたのですが、最後は叶いませんでした。コボははかない命だったのか、短命だったのか……。いえ、私はそうは思いません。起き上がり、そして跳ねて大地と人間を愛していたコボ。見事な一生だった、そう思っています。

数字の上では平均寿命やら平均余命といわれるものがありますが、あくまでも統計上のこと。生き物たち個々には当てはまりません。私たち自身がいつ思わぬ事故で逝ってしまうか誰にもわからないのと同じように、正確には犬たちもまた先が見えない存在です。とくに体と心を司る脳に障害がある場合は予測は困難です。コボの場合は、マヒが見つかった段階で「余命は3か月ぐらいだ」と多くの獣医さんに言われました。でも、あの子はその20倍以上も生きてくれたんです。

私は、コボやタッチは「今」が天寿と思い、その気持ちで向き合ってきました。あんパンをうれしそうに食べるときのキラキラした瞳、おだって(北海道弁で『調子に乗って』の意)ぴょんぴょん跳ねる姿。その瞬間を大切に心に焼き付ける日々を送っています。もし明日、タッチが起きてくれなくても、ありがとうと告げて大地に還します……

*

長い返事をメールで送った数日後、Aさんから電話がかかってきた。声を詰まらせて話をしてくれたのは、5年ほど前に4歳で見送った愛犬のことだった。気付かぬうちに病に侵されていた子に対して「天寿をまっとうさせてあげられなくてごめんね」と後悔の念を抱き、それは風化することなくどんどん大きくなってきていたと。

私のメールを一緒に読んだご主人のすすめもあり、一大決心をして動物保護施設に

Leaf

これから飼う犬を探しに行ってきたそう。「そっくりな子がいたんですよ」と、最後はうれしい会話で電話は切れた。

元気に1歳を迎えることができたわが家のタッチ。何度も書くが、いつ私の前から永い旅に出ることになっても、「ありがとう、グッバイ!」と送り出す覚悟はできていた。だからこそ、小さなことにビクビクせずに毎日を付き合えるのだ。まさに「今」が天寿!

産声から1年のタッチの日々を来年のカレンダーにするため、撮りためた写真を時系列で整理しながら確認するチャンスがあった。まだ名前のないころ、ドライブを楽しむ様子、タンポポの綿帽子の中で元気よく弾ける様子。そして生まれて2度目の雪景色に、25kgまで成長した立派な体を力強く踊らす日々……。

1枚1枚の写真に、撮影したときの私の心のありようがよみがえった。ごはんをあまり食べずに心配したなー。顔を砂利道に打ち付けて鼻に傷ができたなー。弟や妹が生まれて、その子たちに興味津々、まるで保育士のように遊ぶこともできたんだからえらいなー……。

何はともあれ、365日、タッチは1年の区切りを実際の足跡で雪の上にしるすことができた。「今」の天寿を確実に重ねて、タッチは「今」を生きている。それが私にはうれしかったのだ。

共生ばんざい！

２００５年のクリスマスに誕生したコボ。見事に生き抜いて、２０１１年の秋に天に昇った。そして２０１４年の１月、タッチが生まれた。まるで大伯父のコボの再来のように、出産のときに酸素を得られず、脳性マヒという同じハンデを抱えていた。

ケガにせよ病にせよ、犬猫を含む家畜やキツネ、エゾシカ、アザラシなど野の生き物を目の前にし、私と女房は的確な手当て、看病と介護の手法、そして肩の力を抜いて対処するすばやい手段を学んできた。

それはタッチにも生かされ、観察と工夫を縒りながら、発作を重ねながらもそれを乗り越えて元気に弾ける姿に笑顔をもらっている。

ハンデキャップを抱えた犬を育て、そして守るのは私と女房だけではない。母犬はもちろん、一緒に暮らす20頭の犬たちが「普通には動けない犬」としてタッチを認め、やさしさとしか言いようのない対応をしている。たとえば、体のバランスが乱れて傾きながら突進したタッチがぶつかると、犬軍団の親分であるヤマルは、ほかの犬たちのときのように「ガウ！」とは言わない。相手がタッチとわかると、まるで支えるように困った顔でそのまま寄り添っている。

ある日、20年ぶりに再会した同級生と、タッチを囲んで遊んでいる犬たちを眺めながらヤマルの思いやりなどを話していると、彼が言った。

「じつはね、俺も同じような経験をしたことがあるんだ。何度目かの1年生の担任をしてたころだけど……」

彼は大学を卒業するとすぐ、小学校の教員になった。まじめでおちゃめなところのある彼は児童にも親にも人気だと、別の友人から聞いた記憶があった。

「ある新学期、ひとりの入学児童の両親が、養護学校ではなく小学校の普通学級で学習をさせたいと強く希望されてね。校長だけではなく教育委員会にも要望を出していた。かなり交渉に時間はかかったけれど、最終的には校長の『わかりました、引き受けます』との言葉で決定。私のクラスに入ることになった」

当時を振り返っているのか、友人の瞳はタッチたちから離れ、空を見上げていた。

そして話し続けた。

＊

その子、仮にAくんとするけど、車椅子でね。当時の小学校の校舎はバリアフリーとは無縁だったから、通学してきた彼を教室に入れるのも大変だった。でも、私が自分の無力さを実感させられたのは授業そのものだったんだよ。両親にどんな障害なのか、詳しく何度も聞いてはいたけれど、問題は会話だった。話そうとすると、どうしても頭が傾いて揺れるために発音がはっきりせず、私は理解できないことが多かった。

でも、20人ほどいた同じクラスの子どもたちは違ったよ。入学してすぐのころは半分おもしろがってAくんに近付いてた。そして不思議でもあったのだろう、いろんなことを尋ねたり、揺れる体を支えたり。そのうち学校内での移動だけじゃなく、朝の通学時も玄関で待ちかまえてサポートするようになったんだ。

Aくんは、知的にはハンデがなかった。というか、体を思うように動かせないから、余計に観察と認識力が優れてたね。入学して1か月くらい経ったあたりかな、国語の授業で、彼に質問して返ってきた言葉が私はわからなくて。たぶん困った顔をしたんだと思う。すると、クラス一のわんぱくが言ったんだ。

「先生、耳わるいの？　Aくんはね、○○○○って言ってるんだよ。これからはぼ

くがつうやくしてあげるね！」

目が覚めたよ。どうしても普通の大人、教師と言う立場からオレはAくんを特別視していた。余計な気づかいをしてたんだね。子どもたちは一緒に暮らす仲間として、彼のハンデをそのまま受け入れ、そこから通常と何ら変わりない交流をしていた。彼が失敗したら笑い、上手にできたことはほめ、言葉が不明瞭なときは「わかんないよー」と何度も聞き返していた。

今日、脳性マヒの犬、タッチだっけ？　この子と取り巻く犬たちの動きと付き合い方を見ていて、そんなことを思い出したよ。好きな言い方ではないけれど、健常児と障害児が一緒に同じ空間にいることがお互いに大切なんだ、当たり前なんだ。

＊

長い友人の話が終わったとき、タッチが傾きながら私たちにぶつかってきた。私は膝で受け止め、友人に右手を差し出した。

「いい先生だったんだね。いや、子どもたちがいい先生にしてくれたのかな……。すばらしいね！」

友人は私の右手を強く握った。タッチが甘えを含む鼻声を出して、私たちを見上げていた。

おわりに、そしてはじまり

先日、古い友人が憤慨して電話をかけてきた。長く一緒に暮らしてきた愛犬が空に旅立ち、人生最後の犬、つまり終の犬を探して保護施設を訪ねたところ、年齢制限に引っかかり、丁重に、でもしっかり断られてしまったらしい。彼は私と中学の同級生、つまりそろそろ70歳を迎えようという年齢だ。

「本当はお前も犬を飼っちゃダメな年なんだぞ。今も20頭はいるんだろ?」と友人は笑っていたが、少し寂しさを感じる声が受話器から聞こえた。

アメリカのとあるデータでは、犬や猫を飼っている老人が認知症になる確率は、人間だけで暮らすよりも低いと出ているそうだ。それはそうだろう、犬と暮らすことは、無言で動かないぬいぐるみを愛でることとはわけが違う。

朝になれば「おしっこ」「散歩」「ごはん」と騒ぎ出すのだから、飼い主は寝坊をあきらめて早起きをしなければならない。犬がいることで生活にリズムができ、犬と一緒に散歩するという習慣で、ジムに高いお金を払ってマシーンに乗る必要もない。実際、20頭の朝夕の散歩係を命じられている私などは、平均して1日1万5000歩を計器が示し、2か月ごとの健康診断では先生にほめられているほどだ。

極言するならば、犬を飼うことは（財布は少し軽くなるけれど）体と心の健康に役立つ「面倒」を友にすることである。さらに家族の和の糸を縒り、ご近所さんとの距離も縮め、あいさつの輪を広げてくれる。

「『65歳以上の方には犬を預けられません』なんていわれると、ああ、オレは世の中の厄介者になったのかなって。早く逝きなさいと宣言されたようで、かなりショックだったよ。まあ、犬を手に入れる方法はほかにもあるけれど、最後は寂しい出自の犬の里親になりたい、と思ってたからね……」

電話を終えた後、彼の思いを反芻しているうちに、ひとつのアイデアが浮かんだ。

「そうだ、どんな年齢の人でも犬と暮らせるシステムを作ればいいんだ。それは犬たちにたくさんの経験と笑顔をもらってきた私の最後の仕事では？」

高齢者に限らず、もちろん若い人でもＯＫ。私と仲間たちの主宰する団体と契約を結び、飼い主が犬との生活が不可能になったときには責任を持って引き取り、その子が天寿を迎えるまでしっかり見守って育てる。お金に関することは明解な書類で納得していただくシステムである。アイデアの概要を、例の友人に電話で話した。

「それ、オレは１番で契約するよ。万が一、オレが先に逝ったとき、犬が終の涙をなめてくれたら幸せだ。その後はおまえに任せるから。ああ、早くスタートしてほしいなあ」

彼は数年前に妻を病で失っており、子どもはいない。妻の希望で長く犬と暮らした自宅で最後の日々を送り、息を引き取ったときに目尻からひと筋の涙がこぼれたそうだ。それを夫婦でかわいがってきた犬がそっとなめ、そして鼻声で鳴き、前足で布団をかいた。その様子を見て、立ち会った医師と看護師は泣いていたと……。

これが「犬と人の愛」だと私は信じている。

年齢を超えて、それが多くの犬を愛する人たちのあいだで可能になるように、私は動き始めなければならない。今、私はこの本に登場してくれた方々、そしてドラマの主人公である犬たちに強く背を押されている感じがしている。

最後に、この本の出版にあたり、いつも遅い原稿を辛抱して待ってくださった緑書房『Ｗａｎ』編集部の川田央恵さん、すてきなデザインでまとめてくださったデザイナーの野村道子さん、さらに私とともに、犬たちとの日々のあれこれを見事にこなしてくれたわが女房、ヒロ子に感謝とお礼を申し上げたい。「どうもありがとうございました」と。

<著者紹介>

石川利昭（いしかわ・としあき）

北海道名寄市出身。農家に生まれ、犬だけでなくさまざまな家畜に囲まれて育つ。作家の畑 正憲氏が主宰する「ムツゴロウ動物王国」を30年以上支え、東京都あきるの市などで活動した後、2008年に独立。北海道中標津町にて犬猫を中心とする「石川百友坊」を運営する。夫人のヒロ子氏とともに、現在は20頭の犬・6匹の猫と暮らす。家畜や野生動物に造詣が深く、保護や飼育の経験も数多い。

「石川さんの命がいっぱい」
http://www.yac-net.co.jp/ubu/
https://www.facebook.com/toshiaki.ishikawa.961

犬の愛と人の愛
涙があふれる25の物語

2019年12月20日　第1刷発行

著　者　石川利昭
発行者　森田 猛
発行所　株式会社緑書房
〒103-0004
東京都中央区東日本橋3丁目4番14号
TEL 03-6833-0560
http://www.pet-honpo.com/
印刷所　廣済堂

落丁･乱丁本は弊社送料負担にてお取り替えいたします。

ISBN 978-4-89531-394-0　Printed in Japan

写真　石川利昭
編集　川田央恵
カバー･本文デザイン　野村道子（bee's knees-design）